Experimental Guidance of Animal Biochemistry

动物生物化学

实验指导

（第2版）

李留安　袁学军　主编

清华大学出版社
北京

内 容 简 介

全书分为 8 章：第 1 章介绍动物生物化学实验基本知识；第 2 章介绍动物生物化学常用实验技术原理；第 3 章至第 8 章依次介绍蛋白质实验、酶学实验、维生素实验、核酸实验、糖类试验和脂类实验，全书共包括 40 个实验。本书可供全国高等农业、林业、水产院校中动物科学、动物医学、动物药学、水产养殖、动植物检疫、水族科学与技术、野生动物与自然保护区管理和生物技术等专业学生使用，也可供综合性大学、高等师范院校生命科学相关专业学生使用。

图书在版编目（CIP）数据

动物生物化学实验指导/李留安，袁学军主编. —2 版. —北京：清华大学出版社，2022.5（2023.8 重印）
ISBN 978-7-302-60603-1

Ⅰ．①动… Ⅱ．①李…②袁… Ⅲ．①动物学－生物化学－实验－高等学校－教学参考资料
Ⅳ．①Q5-33

中国版本图书馆 CIP 数据核字（2022）第 064783 号

责任编辑：罗　健
封面设计：常雪影
责任校对：李建庄
责任印制：杨　艳

出版发行：清华大学出版社
   网　　址：http://www.tup.com.cn，http://www.wqbook.com
   地　　址：北京清华大学学研大厦 A 座　 邮　　编：100084
   社 总 机：010-83470000　 邮　　购：010-62786544
   投稿与读者服务：010-62776969，c-service@tup.tsinghua.edu.cn
   质量反馈：010-62772015，zhiliang@tup.tsinghua.edu.cn
印 装 者：北京嘉实印刷有限公司
经　　销：全国新华书店
开　　本：185mm×260mm　 印　张：9.75　 字　　数：246 千字
版　　次：2013 年 7 月第 1 版　2022 年 6 月第 2 版　 印　　次：2023 年 8 月第 2 次印刷
定　　价：39.80 元

产品编号：073718-01

编委会名单

主　编	李留安	天津农学院
	袁学军	山东农业大学
副主编	崔明勋	延边大学
	庞　坤	信阳农林学院
	杜改梅	金陵科技学院
	赵素梅	云南农业大学
	白　靓	内蒙古民族大学
	于晓雪	天津农学院
编　委	王俊斌	天津农学院
	李淑梅	河南科技学院
	徐　军	天津农学院
	李卫真	云南农业大学
	张永云	云南农业大学
	宋淇淇	天津农学院
	王　松	河南科技学院
	李海芳	山东农业大学
	孙　跃	天津农学院

前言

为满足新形势下高校教学改革需要,打造融媒体精品教材,更好地发挥课程育人作用,本书编委会成员开展了教材再版工作。在保持与第1版教材整体框架、思路基本一致的前提下,对第1版教材进行了修订:

(1) 修正错误。对第1版教材进行了认真的检查和核对,对错误、疏漏之处以及语言表达不严谨、不规范等问题进行了修改,进一步强化了教材的科学性、专业性、规范性。

(2) 调整实验内容。在蛋白质含量测定中,补充了最新的BCA法;维生素D含量测定方法改为国家标准方法,该方法更加适用;删除了圆盘电泳实验。

本书的编写分工如下:李留安(第1章)、于晓雪(第2章、附录)、徐军(实验7)、孙跃(实验27)、袁学军(实验13、14、16、26、29)、宋淇淇(实验10、11、12)、王松(实验19、20、21、23)、王俊斌(实验2、6、22、32)、庞坤(实验1、9)、崔明勋(实验4、39、40)、李海芳(实验24、30、38)、杜改梅(实验8、18、33、34、35)、白靓(实验3、5、31)、李淑梅(实验15、36、37)、赵素梅(实验17)、张永云(实验25)、李卫真(实验28)。

本次编写工作由全国8家高校的17位编委共同完成,他们都是各高校的学科带头人或教学骨干,均有多年实验教学经验,教学科研成果显著,这为再版工作高质量完成奠定了基础。由于年龄等原因,参与第1版教材编写的杨文、邝雪梅、马盛群、万善霞、葛亚明等老师未能参加再版工作,对他们的贡献表示感谢!

在编写过程中,清华大学出版社、天津农学院、山东农业大学等单位给予了大力支持,在此一并表示感谢!

虽然在再版过程中,各位编委都认真负责地完成了编写任务,但由于时间、精力等因素限制,书中错误之处难免,敬请同行不吝赐教,以便后续修订工作的开展。

李留安 袁学军

2022年2月10日

目录

第1章 动物生物化学实验基本知识

第1节 动物生物化学实验室规则及安全防护常识

一、实验室规则

（1）上实验课必须提前 5 分钟到实验室，不迟到，不早退。

（2）自觉遵守实验室纪律，维护实验室秩序，保持室内安静，不得大声喧哗或说笑。

（3）使用仪器、药品、试剂和各种物品应注意节约。应特别注意保持药品和试剂的纯净，防止混杂污染。试剂用完后应及时归放到试剂架上，便于他人使用，试剂瓶塞不得混用。

（4）使用和洗涤仪器时，应小心谨慎，防止损坏仪器；使用精密仪器时，应严格遵守操作规程，出现故障时应立即报告老师，不得随意动手检修。

（5）实验台和试剂、药品架必须保持整洁，仪器、药品摆放有序。实验结束后，需将药品、试剂排列整齐，仪器洗净倒置放好，实验台面抹拭干净，经老师验收合格后，方可离开实验室。

（6）使用洗液时，注意不要滴到桌面和地面上，要将仪器放在搪瓷盆中洗涤。

（7）注意安全。实验室内严禁吸烟，煤气灯应随用随关，必须严格做到：火在人在，人走火灭。不能直接加热乙醇、丙酮、乙醚等易燃品，需要时应远离火源操作和放置。实验完毕，应立即关闭煤气阀，拉下电闸。离开实验室以前，应仔细检查，严防安全事故的发生。

（8）在实验过程中，要听从老师指导，认真按操作规程进行实验，并简要、准确地将实验结果和数据记录在实验记录本上。完成实验，经老师检查同意后方可离开，课后必须写实验报告。

（9）废弃液体（强酸、强碱溶液须用水稀释）应倒入专用废液桶内。废纸、火柴头及其他固体废弃物和带有渣滓沉淀的废弃物应倒入废品缸内，不能倒入水槽或随处乱扔。

（10）损坏仪器时，应如实向老师报告，认真填写损坏仪器登记表。

（11）实验室内一切物品，未经负责老师批准，严禁带出实验室，外借须办理登记手续。

（12）每次实验课安排学生轮流值日。

二、安全防护常识

在生物化学实验室里，失火、触电、中毒、爆炸、外伤、生物伤害的危险时刻存在。因此每一位工作人员及学生都必须有高度的安全意识、严格的防范措施和丰富的防护救治知识，一旦发生意外，应该能够迅速进行正确的处置，以防事故范围进一步扩大。

（一）失火

在生物化学实验室，实验人员经常使用一些有机溶剂，如甲醇、乙醇、丙酮、氯仿等，而实验室又经常使用电炉、酒精灯等火源，因此容易发生失火事故。常用有机溶剂及其易燃特性如表 1-1 所示。

表 1-1　常用有机溶剂的易燃特性

名　称	沸点/℃	闪点/℃	自燃点/℃
95％乙醇	78	12	400
乙醚	34.5	−40	180
苯	80	−11	550
丙酮	56	−17	538
二硫化碳	46	−30	100

注：闪点是指液体表面的蒸气和空气混合物遇到明火或火花时着火的最低温度；自燃点是指液体蒸气在空气中自燃时的温度。

由表 1-1 可以看出，乙醚、二硫化碳、丙酮和苯的闪点都很低，因此不能存放于可能会产生电火花的普通冰箱内。低闪点液体的蒸气只需接触红热物体的表面便会起火，其中二硫化碳尤其危险。预防火灾必须严格遵守以下操作规程：

（1）不得在烘箱内存放、烘焙有机物。

（2）废弃有机溶剂不得倒入废物桶，只能倒入回收瓶，以便集中处理。

（3）严禁在密闭体系和开口容器中用明火或微波炉加热有机溶剂，只能用加热套或水浴加热。

（4）在有明火的实验台面上，严禁放置开口的有机溶剂或倾倒有机溶剂。

实验室一旦发生火灾切不可惊慌失措，要保持冷静，根据具体情况采取正确的灭火措施。情况严重时，需立即拨打火警电话 119。常用的灭火方法如下：

① 乙醇、丙酮等可溶于水的有机溶剂着火时，可以用水灭火，乙醚、汽油、甲苯等有机溶剂着火时，不能用水灭火，只能用沙土或灭火毯盖灭。

② 容器中的易燃物起火时，用灭火毯盖灭。因石棉有致癌性，故常用玻璃纤维布做灭火毯。

③ 导线、电器和仪器着火时，不能用水和二氧化碳灭火器灭火，应先切断电源，然后用 1211 灭火器（内装二氟一氯一溴甲烷）灭火。

④ 个人衣物着火时，切勿慌张奔跑，以免火势变大，应迅速脱掉着火衣物，用水龙头浇水灭火，火势过大时可就地打滚压灭火焰。

（二）触电

当 50Hz 的电流通过人体，电流强度达到 25mA 时，人会发生呼吸困难，100mA 以上电流强度会使人致死。生物化学实验室经常会使用烘箱和电炉等大功率用电设备,因此每位实验人员都须熟练掌握安全用电常识,避免发生用电事故。

1. 防止触电

① 不能用湿手接触电器;

② 电源裸露部分应进行绝缘处理;

③ 仪器使用前先要检查外壳是否带电;

④ 破损的接头、插头、插座和不良导线应及时更换;

⑤ 先接好线路,再插接电源;反之,先关电源,再拆线路;

⑥ 如有人触电,要先切断电源,再救人。

2. 防止电器着火

① 电源线、保险丝的截面积、插头和插座都要与使用的额定电流相匹配;

② 3 条相线要平均用电;

③ 生锈的电器、接触不良的导线要及时处理;

④ 电炉、烘箱等加热电器设备不可过夜使用;

⑤ 仪器长时间不用时,需拔下插头并及时拉闸;

⑥ 电器电线着火时,不可用泡沫灭火器灭火。

(三) 爆炸

生物化学实验室防止爆炸事故发生是极其重要的,因为一旦爆炸,后果十分严重。常见的易燃物质蒸气在空气中的爆炸极限如表 1-2 所示。

表 1-2　常见的易燃物质蒸气在空气中的爆炸极限

名　称	爆炸极限(体积分数)/%	名　称	爆炸极限(体积分数)/%
丙酮	2.6～13	乙醚	1.9～36.5
乙醇	3.3～19	甲醇	6.7～36.5
乙炔	3.0～82	氢气	4.1～74.2

加热时会发生爆炸的混合物有浓硫酸和高锰酸钾、有机化合物和氧化铜、三氯甲烷和丙酮等。

引起爆炸事故的常见原因有:①随意混合化学药品,并使其受热、摩擦和撞击;②在密闭体系中进行蒸馏、回流等加热操作;③易燃易爆气体大量溢入室内;④在加压或减压实验中使用不耐压的玻璃仪器,或反应过于激烈而失去控制;⑤高压气瓶减压阀摔坏或失灵;⑥使用微波炉加热金属物品。

(四) 外伤

1. 化学灼伤

(1) 酸灼伤:先用大量水洗,再用稀碱液或稀氨水浸洗,最后用水洗。

(2) 碱灼伤:先用大量水冲洗,再用 1% 硼酸或 2% 乙酸浸洗,最后用水洗。

(3) 溴灼伤:这种灼伤的伤口不易愈合,须立即用 20% 的硫代硫酸钠冲洗,再用大量水冲洗,包上消毒纱布后就医。

(4) 眼睛灼伤:眼内若溅入任何化学药品,应立即用大量清水冲洗 15min,不可用稀酸或稀碱冲洗。

2. 割伤

这是生物化学实验室中常见的伤害,要特别注意预防,尤其是在向橡皮塞中插入温度计或玻璃管时一定要用甘油或水润滑,用布包住玻璃管轻轻旋入,切不可用力过猛。若发生严重割伤时应立即包扎止血,并迅速就医处理。

3. 烫伤

使用蒸汽、火焰、红热的玻璃和金属时易发生烫伤,如果发生烫伤,应立即用大量水冲洗和浸泡,若已起水疱,切不可挑破,包上纱布后就医,轻度烫伤可涂抹鱼肝油和烫伤膏等。

4. 眼睛掉入异物

若有玻璃碎片进入眼内,必须十分小心谨慎,不可自取,不可转动眼球,可任其流泪;若碎片不出,则用纱布轻轻包住眼睛,急送医院处理。若有木屑、尘粒等异物进入眼中,可由他人翻开眼睑,用消毒棉签轻轻取出或任其流泪,待异物排出后再滴几滴鱼肝油。

实验室应准备一个小药箱,专供急救时使用。药箱内必备:医用生理盐水、医用酒精、紫药水、红药水、创可贴、止血粉、鱼肝油、烫伤油膏(或万花油)、1%硼酸溶液或2%乙酸溶液、1%碳酸氢钠溶液、20%硫代硫酸钠溶液、纱布、医用镊子和剪刀、棉签、药棉、绷带等。

(五)中毒

生物化学实验室常见的有毒物有砷化物、氰化物、甲醇、乙腈、氯化氢、汞及其化合物等。常见的致癌物质有砷化物、石棉、溴化乙锭、铬酸盐、丙烯酰胺和芳香化合物等。中毒主要由不慎吸入、误食或由皮肤渗入等原因造成。

1. 中毒的预防

(1)使用有毒或有刺激性气体时,必须带防护眼镜,并应在通风橱内进行;

(2)取用有毒物品时必须戴橡皮手套;

(3)严禁在实验室内饮水、进食、吸烟,严禁用嘴吸移液管,禁止赤膊和穿拖鞋;

(4)不能用乙醇等有机溶剂擦洗溅洒在皮肤上的药品。

2. 常用的中毒急救方法

(1)误食酸或碱,不要催吐,可立即大量饮水。误食酸者,饮水后再服氢氧化镁乳剂,最后喝些牛奶;误食碱者再喝些牛奶;

(2)误吸入毒气后,应立即转移到室外,休克者应施以人工呼吸,但不要用口对口法;

(3)砷和汞中毒者应立即送医院急救。

(六)生物伤害

生物材料(如微生物或动物的组织、细胞培养液、血液、分泌物)可能存在细菌和病毒感染的潜在危险,绝不可忽视。如通过血液感染的多种传染性疾病就是常见的生物伤害,感染途径除通过血液外,也能通过其他体液传播,因此在处理各种生物材料时必须小心谨慎,做完实验后须用肥皂、洗涤剂或消毒液充分清洗双手。

使用微生物作为实验材料,特别是使用和接触含病原体的生物材料时,尤其要注意安全和清洁卫生。被污染的物品必须进行高压消毒或烧成灰烬,被污染的玻璃用具在清洗和高压灭菌之前应浸泡在适当的消毒液中。

（七）放射性伤害

放射性同位素在生物化学实验中应用越来越普遍,放射性伤害也应引起实验者的高度警惕。放射性同位素的使用须在指定的具有放射性标志的专用实验室中进行,切忌在普通实验室中操作和存放带有放射性同位素的材料。

第2节　动物生物化学实验基本操作技术

一、玻璃仪器的洗涤

生物化学实验中所用玻璃仪器清洁与否,是获取准确结果的重要环节。因为玻璃仪器不清洁或被污染,会造成实验误差,得不到正确的实验结果,因此,在实验之前,将玻璃仪器清洗干净(以倒置时玻璃管壁不挂水珠为准)是非常重要的准备工作。

（一）一般玻璃仪器的洗涤

凡能用毛刷刷洗的仪器(如烧杯、试管、量筒等),先用自来水刷洗,再用毛刷蘸取洗衣粉或去污粉,将仪器内外(特别是内壁)仔细刷洗,用自来水冲洗干净后,再用蒸馏水刷洗2～3次,倒置于仪器架上晾干备用。

（二）不能用毛刷刷洗的量器的洗涤

如容量瓶、刻度吸管等,应先用自来水冲洗、沥干,再用重铬酸钾清洗液浸泡4～6h(或过夜),取出并沥干后,用自来水冲洗干净,再用蒸馏水刷洗2～3次,倒置于量器架上,晾干备用。

（三）新购量器的洗涤

新购量器表面常附有碱性物质及泥污,可先用洗衣粉洗刷再用自来水洗净,然后浸泡在1％～2％的盐酸溶液中过夜(不少于4h),再进一步洗涤,最后再用蒸馏水刷洗2～3次,倒置于仪器架上,晾干备用。

二、吸量管的选择使用

吸量管是生物化学实验中常用的量取液体的仪器,分为奥氏吸量管、移液管和刻度吸量管3种。常用的是刻度吸量管,有不同的规格,如0.1mL、0.5mL、1mL、2mL、5mL、10mL等几种,可任意量取0.01～10mL的液体。其选择和使用方法具体如下所述:

（一）选择

使用前根据需要选择合适的吸量管,其总容量最好等于或稍大于取液量。使用前看清容量和刻度。

（二）执管

用右手拇指及中指(辅以无名指)拿住吸量管上部,用食指堵住上管口控制液流,刻度数字要向着自己,切忌用大拇指堵住管口控制液流。

（三）取液

左手捏压洗耳球,将吸量管的尖端插入所取试剂液的液面下,将洗耳球的下端出口对准吸量上管口,将液体轻轻吸上,至最高刻度上端1～2cm处,迅速用食指按紧上管口,使液体不会从下管口流出。

（四）调准刻度

用吸量管将溶液取出后,如果是取黏性较大的液体,必须先用滤纸擦干管尖外壁,然后用食指控制液流使之缓慢降至所需刻度(此时液体凹面底部、视线和刻度应在同一水平线上),右手食指立即按紧吸量管的上管口,使液体不再流出。

（五）放液

将吸量管转移至盛有所取溶液的容器内,让吸管尖端接触容器内壁,但不能插入容器原有液体内,以免污染吸管及试剂。放松食指让液体自然流出。放液后吸管尖端残留的液体吹出与否,视所选用的吸量管种类要求而定。需要吹的则将其吹出;如要求不吹出的,则让吸量管尖端停靠内壁约15s,同时转动吸管,重复一次。

（六）洗涤

吸取血液、尿、组织样品及黏稠样品的吸管,用后应及时用自来水冲洗干净;吸一般试剂的吸管可不必马上冲洗,待实验结束后再仔细清洗。

三、 可调式微量加样器的使用

在生物化学实验中,常用可调式微量加样器来精确量取实验所需试剂。其规格有$2.5\mu L$、$10\mu L$、$20\mu L$、$100\mu L$、$200\mu L$、$1\,000\mu L$及$5\,000\mu L$等,选择相应规格的吸头,在规定的容量范围内可根据需要随意调节取液量。可调式微量加样器的具体使用方法如下所述:

（一）吸液

根据需要吸取的试剂量调准加样器容量,用右手握住加样器外壳,套上吸头,旋紧。用拇指按下推动按钮至第一停点位置,将吸头尖口插入试剂液面下几毫米处,缓缓松开拇指,让推动按钮复原。吸取液体时要注意避免形成气泡,以保证取液的精确度。

（二）放液

重新将拇指按下推动按钮至第二停点位置,完成放液,反复一次。如果发现吸头尖口处仍残留有液滴时,应将吸头接触容器内壁,使液滴沿壁流下,同时拇指不能松开,以免液滴倒流。

四、 试管中液体的混匀法

容器中先后加入的几种试剂能否充分混匀常常是实验成败的关键环节。试管中液体混匀的常用方法有以下几种:

（一）弹敲法

右手持管上部，左手掌心弹敲试管下部。此法适用于液体较少时。

（二）甩动法

右手持管上部，将试管轻轻甩动振摇即可混匀。此法也适用于液体较少时。

（三）吸管混匀法

用清洁吸管将溶液反复吸放数次，使溶液充分混匀。成倍稀释某种液体时往往采用此法。

（四）旋转法

右手掌心顶住试管上口，五指拿紧试管，利用腕力使管向一个方向做圆周运动，使管内液体形成旋涡而混匀。该法适用于试管中液体较多或小口器皿，如锥形瓶等。

（五）振荡器混匀

将需要混合的液体装入容器内（液体约占容器的 1/3），手持容器放在振荡器的工作台上（或用附件固定）即可混匀。混匀速度视需要可进行调整。如用烧杯或三角烧瓶配制溶液时，一般可用玻璃棒搅拌或用磁力搅拌器搅拌混匀。

第 3 节　常规实验样品的处理

在动物生物化学实验中，无论是分析组织中各种物质的含量，还是研究组织中物质代谢的过程，都需要利用特定的生物样品。为了达到一定的实验目的，往往需要预先对获得的样品进行适当的处理。掌握实验样品的正确处理方法是做好动物生物化学实验的先决条件。

最常用的动物样品有全血、血清、血浆及无蛋白血滤液等。组织样品则常用肝、肾、胰、胃黏膜或肌肉等，实验时可制成组织匀浆、组织糜、组织切片或组织浸出液等形式。关于这些血液或组织样品的制备方法，扼要介绍如下：

一、血液样品的制备

血液是生物化学分析中重要的样品之一。血液中各成分的分析结果是了解机体代谢变化的重要指标，因此必须掌握正确的血液样品的采集、处理及制备方法。

（一）采血前的准备工作

1. 实验动物的准备

血液中有些化学成分有明显的昼夜波动，如血浆皮质醇的含量在早晨较高而在傍晚较低，至午夜降到最低水平；血清中铁的含量也有类似的波动；有些成分在动物进食前后有所改变，且进食后血清容易出现混浊，影响和干扰结果的准确性，如血糖、血脂、总胆固醇、肝功能指标等，因此采血应在空腹或禁食一定时间后进行，这样可以将食物对血液中各种成分浓度的影响降低到最低程度。

2. 采血器具的准备

采血器皿及容器都必须清洁,待充分干燥和冷却后才能使用。抽取血液时,动作不宜太快,采出的血液要沿管壁缓缓注入盛血容器内。若用注射器取血时,采血后应先取下针头,再慢慢注入容器内。推动注射器时速度也不可太快,以免吹起气泡造成溶血。盛血的容器不能用力摇动以免溶血。为防止传染性疾病的产生和蔓延,尽量使用一次性消毒采血针头。

3. 对采血操作人员的要求

实验动物在出现兴奋、恐惧等状态时,某些生化指标会发生变化,进而影响实验结果的准确性。例如,实验操作过程中动作简单粗暴,会使实验动物体内血液循环加快,糖消耗加快,使血糖结果偏低,因此实验操作人员对待实验动物要有爱心,动作要轻柔。

(二)常用实验动物的采血部位及采血量

各种实验动物的采血部位与方法与动物种类、检测目的、实验方法以及所需血量有关。常用的采血部位有眼眶静脉丛采血、尾静脉采血、断头采血、心脏采血、腋下静脉采血、颈静脉(动脉)采血、腹主动脉采血、股动脉采血、耳静脉采血、后肢外侧小隐静脉和前肢内侧皮下静脉采血等。

采血时要注意采血场所要有充足的光线,夏季室温最好保持在25~28℃,冬季室温最好保持在20~25℃为宜,采血用具和采血部位要消毒。若需抗凝血,应在注射器或试管内预先加入抗凝剂。所需采血量应控制在动物的最大安全采血量范围内。不同动物采血部位和采血量如表1-3所示。

表1-3　不同动物的采血部位和采血量

采血量	采血部位	动物品种
取少量血	尾静脉	大鼠、小鼠
	耳静脉	兔、犬、猫、猪、山羊、绵羊
	眼底静脉丛	兔、大鼠、小鼠
	舌下静脉	犬
	腹壁静脉	青蛙、蟾蜍
取中量血	后肢外侧皮下小隐静脉	犬、猴、猫
	前肢内侧皮下头静脉	犬、猴、猫
	耳中央动脉	兔
	颈静脉	犬、猫、兔
	心脏	豚鼠、大鼠、小鼠
	断头	大鼠、小鼠
	翼下静脉	鸡、鸭、鹅、鸽
	颈动脉	鸡、鸭、鹅、鸽
取大量血	股动脉、颈动脉	犬、猴、猫、兔
	心脏	犬、猴、猫、兔
	颈动脉	马、牛、山羊、绵羊
	摘眼球	大鼠、小鼠

实验动物的采血量、血量占体重百分比、血浆量、最大安全采血量和最小致死采血量如

表 1-4 所示。

表 1-4　常用实验动物的血容量和采血量

动　物	全血量/（mL/kg）	血量占体重百分比/%	血浆量/（mL/kg）	常规采血量/mL	最大安全采血量/（mL/kg）或/mL		最小致死采血量/mL
小鼠	74.5±17.0	6.0～7.0	48.8±17.0	0.10	7.7	0.1	＞0.3
大鼠	58.0±14.0	6.0～7.0	31.3±12.0	0.50	5.5	1.0	＞2.0
豚鼠	74.0±7.0	6.0～7.0	38.8±4.5	1.0	7.7	5.0	＞10.0
家兔	69.4±12.0	6.0～7.0	43.5±9.1	1.0	7.7	10.0	＞4.0
猫	84.6±14.5	6.0～7.0	47.7±12.0	1.0	7.7		—
鸡	95.5±24.0	8.8～10.0	65.6±12.5	1.0	9.9	15.0	＞30.0
犬	92.6±24.0	8.0～9.0	53.8±20.1	3.00～5.00	9.9	50.0	200
猴	75.0±14.0	6.0～7.0	47.7±13.0	2.00	6.6	15.0	＞60.0
猪	69.4±11.5	5.0～6.0	41.9±8.9	5.00～10.00	6.6		—
绵羊	58.0±8.5	6.0～7.0	41.9±12.0	5.00～20.00	6.6	300.0	＞1500
乳牛	57.4±5.5	6.0～7.0	38.8±2.51	0.00～20.00	7.7		—
马	72.0±15.0	6.0～11.0	51.5±12.0	10.0～20.00	8.8		—

（三）血液采集时的注意事项

（1）在采血时要避免溶血。溶血将造成成分混杂，引起测量误差。

（2）静脉血和动脉血的化学成分略有差异。除血氧饱和度、二氧化碳分压等有明显不同外，静脉血中乳酸含量比动脉血中略高。

（3）整个试验期间，采血液样品的时间须保持一致。在昼夜之间，或动物在饥饿与饱食的不同状态下，血液成分往往有较大不同。因此整个试验期间，选择采取血液样品的时间必须一致。另外，也应注意多次采血检测时，采血后测定时间、室温、试剂盒批号（或使用的主要试剂）等也应尽可能一致。

（4）一次采血量不宜过多或采血过于频繁。一次采血量过多或采血过于频繁会影响动物健康，导致其贫血，甚至死亡。

（四）血清的制备

血清是全血中不加抗凝剂自然凝固后析出的淡黄色清亮液体。其所含成分接近于组织间液，能代表着机体内环境的理化性状，比全血更能反映机体的状态，是常用的血液样品。

血清制备过程如下：将采集的血液直接注入试管，将试管倾斜放置，使血液形成一斜面。夏季于室温下放置，待血液凝固后，即有血清析出；冬季室温较低，不易析出血清，需将血液置于 37℃ 水浴或温箱中保温，以促进血清析出。另外，也可将采集的血液注入洁净的离心管中，待血液凝固后，以钝头玻璃棒将血块与管壁轻轻剥离，以 2 000～2 500r/min 转速离心 15min，使血清析出。析出的血清应及时用吸管吸出备用，若不清亮或带有血细胞，应再次离心；制备好的血清，应及时进行实验测定，否则应加盖冷藏或冷冻备用。

(五) 全血及血浆的制备

若要用血浆或全血样品,须在血液凝固前用抗凝剂处理。

1. 抗凝剂的种类

实验室常用的抗凝剂有以下几种,可根据情况选择使用。

(1) 肝素

最佳抗凝剂,主要抑制凝血酶原转变为凝血酶,从而抑制纤维蛋白原形成纤维蛋白而抗凝。$0.1 \sim 0.2mg$ 或 20U 肝素可抗凝 1mL 血液。

配成 10mg/mL 的水溶液。每管加 0.1mL 肝素,在 $37 \sim 56 ℃$ 条件下烘干,可抗凝 $5 \sim 10mL$ 血液(市售肝素钠溶液中每毫升含 12 500IU,相当于 100mg,故每 125IU 相当于 1mg)。

(2) 乙二胺四乙酸二钠盐(简称 $EDTANa_2$)

$EDTANa_2$ 易与钙离子络合而使血液不凝固。0.8g $EDTANa_2$ 可抗凝 1mL 血液。

配成 4%$EDTANa_2$ 水溶液。每管装 0.1mL,80℃ 烘干,可抗凝 5mL 血液。此抗凝液常用于多种生化分析,但不能用于血浆中含氮物质、钙及钠的测定。

(3) 草酸钾(钠)

此抗凝剂优点是溶解度大,可迅速与血中钙离子结合,形成不溶性草酸钙,使血液不凝固。每毫升血液用 $1 \sim 2mg$ 草酸钾(钠)即可。

配制 10% 草酸钾(钠)水溶液。吸取此液 0.1mL 放入试管中,缓慢转动试管,使溶液尽量分散在试管壁上,置 80℃ 烘箱烤干(若超过 150℃ 则分解),管壁即呈一薄层白色粉末,加塞备用,可抗凝 5mL 血液。此抗凝剂常用于非蛋白氮等多种测定项目,不适用于钾、钙的测定。

(4) 草酸钾-氟化钠

氟化钠是一种弱抗凝剂,但浓度为 2mg/mL 时能抑制血液内葡萄糖的分解,因此在测定血糖时常与草酸钾混合使用。

取草酸钾 6g、氟化钠 3g,溶于 100mL 蒸馏水中。每个试管加入 0.25mL 该溶液,于 80℃ 烘干备用,每管可抗凝 5mL 血液。因氟化钠抑制脲酶活性,所以此抗凝剂不能用于脲酶法中尿素氮的测定,也不能用于淀粉酶及磷酸酶的测定。

除上述抗凝剂外,还有柠檬酸钠(枸橼酸钠)、草酸铵等。

注意:抗凝剂用量不可过多,如草酸盐过多,将造成钨酸法制备血滤液时蛋白质沉淀不完全,测氯时加奈氏试剂后易产生浑浊等现象。

2. 全血的制备

全血是指抗凝的血液,即在血液取出后立即与适量的抗凝剂充分混合,以免血液凝固。将刚采取的血液注入预先加有适合要求的抗凝剂试管中,轻轻摇动,使抗凝剂完全溶解并分布于血液中。

3. 血浆的制备

将已抗凝的全血放置一段时间或以 3 000r/min 转速离心 10min,沉降血细胞,上层清液即为血浆。分离较好的血浆应为淡黄色。为避免溶血,必须采用干燥清洁的采血器具和容器,尽量减少振荡。血浆比血清分离得快而且量多,二者的差别主要是血浆比血清多含一种纤维蛋白原,其他成分基本相同。

（六）无蛋白血滤液的制备

测定血液或其他体液的化学成分时,样品内蛋白质的存在常常干扰测定结果。因此,需要先做成无蛋白血滤液再进行测定。无蛋白血滤液制备的基本原理是用蛋白质沉淀剂沉淀蛋白,用过滤法或离心法去除沉淀的蛋白。常用的方法如下所述:

1. 三氯乙酸法

（1）实验原理

三氯乙酸为有机强酸,能使蛋白质变性而沉淀。

（2）试剂

10％三氯乙酸溶液。

（3）操作

取10％三氯乙酸9份置于锥形瓶或大试管中,加1份已充分混匀的抗凝血液。加时要不断摇动,使其均匀。静置5min,过滤或以2 500r/min转速离心10min,即得10倍稀释的清明透亮滤液。

2. 福林-吴宪法（钨酸法）

（1）原理

钨酸钠与硫酸混合,生成钨酸。在pH小于其等电点的溶液中,血液中的蛋白质可被钨酸沉淀。沉淀液过滤或离心,上清液即为无色、透明、pH约为6的无蛋白滤液,可供非蛋白氮、血糖、氨基酸、尿素、尿酸及氯化物等项目测定使用。

（2）试剂

10％钨酸钠溶液：称取钨酸钠100g,溶于少量蒸馏水中,最后加蒸馏水至1 000mL。此液以1％酚酞为指示剂试之,应为中性（无色）或微碱性（呈粉红色）；1/3mol/L硫酸溶液。

（3）操作

取50mL锥形瓶或大试管1支；吸取充分混匀之抗凝血1份,擦净管外血液,缓慢放入锥形瓶或试管底部；准确加入蒸馏水7份（7倍体积）,混匀,使之完全溶血；加入1/3mol/L硫酸溶液1份,随加随摇；加入10％钨酸钠1份,随加随摇；放置约5min后,如果振摇也不再产生泡沫,说明蛋白质已完全变性沉淀。过滤或离心（以2 500r/min转速离心10min）即得完全澄清无色的无蛋白血滤液。

制备血浆或血清的无蛋白血滤液与上述方法相似。不同点是加水8份,而钨酸钠和硫酸溶液各加1/2份。

3. 氢氧化锌法

（1）原理

血液中蛋白质在pH值大于等电点的溶液中可用Zn^{2+}来沉淀,生成的$Zn(OH)_2$本身为胶体,可将血中葡萄糖以外的许多还原性物质吸附沉淀。所以,此法所得滤液适合血液中葡萄糖的测定。但测定尿酸和非蛋白氮时含量降低,不宜使用此滤液。

（2）试剂

10％硫酸锌溶液；0.5mol/L氢氧化钠溶液。

（3）操作

取干燥洁净50mL锥形瓶或大试管1支,准确加入7份水；准确加入混匀的抗凝血1份,摇匀；加入10％硫酸锌溶液1份,摇匀；慢慢加入0.5mol/L氢氧化钠溶液1份,边加边摇。放置 5min,用定量滤纸过滤或离心(以 2 500r/min 转速离心 10min),即得 10 倍稀释的清明透亮滤液。

4. 黑登改良法

取血液 1 份加入锥形瓶或大试管中,加入 8 份 1/24mol/L 硫酸溶液,此时血细胞迅速被破裂,颜色变黑(若反应进行较慢,可振摇容器以加速反应进行),再加入 10% 钨酸钠溶液 1 份。摇匀,过滤或离心即可。此方法的优点是产生的滤液较多。

二、 组织样品的制备

离体组织在适宜的温度和 pH 等条件下,可以进行一定程度的物质代谢。因此,在动物生物化学实验中,常利用离体组织研究各种物质代谢的途径与酶系的作用,也可从组织中提取各种代谢物质或酶进行实验研究。但各种组织离体时间过长后,组织内部要发生相应变化。如组织中的某些酶在久置后发生变性而失活;有些组织成分如糖原、ATP 等在动物死亡数分钟至十几分钟内,其含量即有明显降低。因此,利用离体组织进行代谢研究或作为实验材料时,必须迅速将其取出,并尽快进行提取或测定。一般采用断头法处死动物,放出血液后立即取出所需的脏器或相应组织,去除外层脂肪及结缔组织后,用冰冷生理盐水洗去血液,必要时也可用冰冷生理盐水灌注脏器以洗去血液,再用滤纸吸干,则可作为实验材料。取出的脏器或组织,可根据不同的实验目的,用以下方法分别制成不同的组织样品:

(1)组织糜:将组织用剪刀迅速剪碎,或用绞肉机绞成糜状即可。

(2)组织匀浆:新鲜组织称重后剪碎,加入适当的匀浆制备液,用高速电动匀浆器将组织研磨成匀浆。为了降低研磨产生的热量,使组织及酶不至于变性,制备匀浆时一般应将玻璃匀浆管插入冰水浴中,适当控制研磨的速度。常用的玻璃匀浆管由一种特制的厚壁毛玻璃管和一个一端带有磨砂玻璃杵头的研磨杆组成,其规格大小不一,使用时可根据需要进行选择。

三、 生物大分子的制备

研究酶、蛋白质和核酸等生物大分子的结构与功能,首先需要解决生物大分子的制备问题,而生物大分子的分离、纯化与制备是一项十分细致的工作。生物大分子的制备主要有以下特点:生物材料的组成十分复杂,常包含数百种甚至数千种物质;多数生物大分子在组织样品中的含量极少,分离纯化的步骤烦琐,流程长;多数生物大分子一旦离开了生物体内的环境就容易失活,在分离过程中,防止大分子物质失活是提取制备的关键;制备过程几乎都是在溶液中进行的,pH 值、温度、离子强度等参数对溶液中各种物质的综合影响有时很难正确估计和判断。

(一)生物材料的前处理

1. 生物材料的选择

制备生物大分子,首先要选择适宜的生物材料。选择的材料应是来源丰富、目标物质含量高、制备工艺简单、成本低等。另外,材料应尽可能新鲜,尽快提取处理。如暂不提取,材料则需低温冷冻保存。动物组织要先去除结缔组织、脂肪等成分。如果所要提取的物质在细胞内,则需要先破碎细胞,然后用适当的溶剂提取。

2. 细胞破碎

对于细胞中大多数成分,如 DNA、RNA、酶和蛋白质等,都需要首先破碎细胞,做成组织匀浆后再进行分离和提取。因此在动物生物化学实验中,破碎组织细胞是重要的操作之一。不同生物体或同一生物体不同部位的组织,其细胞破碎的难易程度不一,使用的方法也不相同。常用的方法如下所述:

(1) 研磨法

将新鲜的组织器官去除血污和其他组织后,加入适当的溶液,直接用玻璃匀浆器磨成匀浆,或加入石英砂研磨成匀浆。此法多用于肝脏、肾脏等组织的处理。组织匀浆需在低温下进行。组织离体后应置于冰冷溶液中,匀浆时匀浆器相互摩擦会产生大量热量,易使酶或蛋白质变性,所以在匀浆器的中空部要放入冰盐溶液,匀浆器外套管也应用冰盐溶液冷却。

(2) 组织捣碎法

这是一种用组织捣碎机破碎细胞的方法,该法的优点是快速,但应注意由于瞬间高温可能引起蛋白质的变性。该方法多用于心脏等坚实组织的提取。操作时也可先用组织捣碎机捣成组织糜,然后再用玻璃匀浆器研磨。

(3) 溶胀法

细胞膜为天然的半透膜,在低渗溶液中,由于存在渗透压差,溶剂分子大量进入细胞内,将细胞膜胀破,释放出细胞内容物。

(4) 超声波法

此法是借助超声波的振动而使细胞膜和细胞器破碎。破碎细菌和酵母菌时,操作时间要长一些。

(5) 反复冻融法

将待破碎的细胞冷冻至 $-15 \sim -20\,^{\circ}\mathrm{C}$,然后置于室温(或 $40\,^{\circ}\mathrm{C}$)让其迅速融化,如此反复多次,由于细胞内形成冰粒使剩余胞液的盐浓度增高,从而引起细胞溶胀破碎。该方法多用于红细胞的破碎。

(6) 有机溶剂处理法

利用甲苯、氯仿、丙酮等脂溶性溶剂或十二烷基硫酸钠(sodium dodecyl sulfate,SDS)等表面活性剂处理细胞,可将细胞膜溶解而使细胞破裂,此法可与研磨法联合使用。

3. 生物大分子的抽提

抽提是指在分离纯化之前,将经过预处理或破碎的细胞置于溶剂中,使被分离的生物大分子充分释放到溶剂中,并尽可能使其保持原来的天然状态和生物活性的过程。抽提效果的好坏,关键在于溶剂的选择。选择溶剂的原则是:目标物质在所选溶剂中溶解度大,还能保持其生物活性,又能使多数杂质蛋白变性沉淀。

蛋白质和酶常采用稀酸或稀碱、稀盐溶液、缓冲液、有机溶剂等方法进行抽提。

(1) 稀酸或稀碱

蛋白质、酶的溶解度和稳定性与溶液的 pH 有关。在适宜的酸碱环境中,蛋白质或酶的溶解度会增加,但过酸、过碱都易引起蛋白质变性。一般提取溶剂的 pH 应在蛋白质和酶的稳定范围内,常常将 pH 控制在 $6 \sim 8$ 范围内,在偏离等电点的两侧。

(2) 稀盐溶液

离子强度对生物大分子的溶解度有很大的影响,绝大多数蛋白质在低离子强度溶液中都有较大的溶解度,如在纯水中加入少量中性盐,蛋白质的溶解度比在纯水中大大增加,这种现象称为"盐溶"。该现象的产生主要是少量离子的活动,减少了偶极分子之间极性基团的静电吸引,增加了溶质和溶剂分子间相互作用力的结果。

（3）有机溶剂

一些和脂类结合比较牢固，或分子中非极性侧链较多的蛋白质和酶难溶于水、稀盐、稀酸或稀碱中，常用不同比例的有机溶剂进行提取。常用的有机溶剂有丙酮、乙醇、异丙醇等，这些溶剂可与水互溶或部分互溶，同时具有亲水性和亲脂性。有些蛋白质和酶既溶于稀酸、稀碱，又溶于含有一定比例有机溶剂的水溶液中。在这种情况下，采用稀的有机溶剂提取常常可以防止酶的破坏，并兼有除去杂质提高纯化效果的作用。

提取时为防止蛋白质等生物大分子变性或降解，需要注意以下几点：一般应在 0～5℃ 的低温下操作；必要时可加入降解酶的抑制剂；搅拌时要温和，速度太快易产生大量泡沫，增大与空气的接触面，容易引起酶等物质的变性失活。

（二）生物大分子的分离纯化

生物大分子的分离纯化方法多种多样。根据生物分子大小和形态的不同，常用的方法有差速离心、分子筛、超滤、透析等；根据生物分子溶解度的不同，常用的方法有盐析、有机溶剂沉淀、萃取、分配层析和结晶等；根据生物分子所带电荷的不同，常用的方法有等电聚焦电泳、离子交换层析等；根据生物分子生物功能专一性的不同，常用的方法有亲和层析等。

生物体的组成成分非常复杂，不可能有一种适合于各类分子的共同分离程序，但多数关键分离步骤的操作手段是相同的。常用的分离纯化方法和技术有透析、超滤、沉淀、离心、层析以及电泳等。以下主要介绍透析、超滤、沉淀等分离纯化方法。

1. 透析

该法是利用蛋白质等生物大分子不能透过半透膜而进行分离纯化的一种方法。先将含一定盐浓度的生物大分子溶液装入透析袋内，将袋口扎好放入装有蒸馏水的容器中，用搅拌方法使蒸馏水不断流动，经过一段时间后，透析袋内除大分子外，小分子盐类物质透过半透膜进入蒸馏水中，最终膜内外盐浓度达到平衡(图1-1)。在透析过程中，通常要更换几次容器中的液体，使透析袋内的溶液达到脱盐的目的。脱盐透析是应用最广泛的一种透析方法。

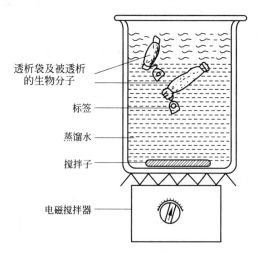

透析袋及被透析
的生物分子

标签

蒸馏水

搅拌子

电磁搅拌器

图 1-1　透析法示意图

如将透析袋放入高浓度吸水性强的多聚物溶液中，透析袋内溶液中的水便迅速被袋外多聚物所吸收，从而达到袋内液体浓缩的目的。这种方法称为"反透析"。常用作"反透析"

的多聚物有聚乙二醇、右旋糖、聚乙烯吡咯烷酮、蔗糖等。透析用的半透膜很多,如玻璃纸、棉胶、皮纸等。

2. 超滤

超滤是利用一定孔径大小的微孔滤膜,对生物大分子溶液进行过滤(常压、加压或减压),使大分子截留在超滤膜上面的溶液中,小分子物质及水过滤出去,进而达到浓缩或脱盐的目的。这种利用超滤膜过滤分离大分子和小分子物质的方法称为超滤法(图1-2)。

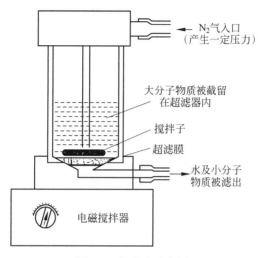

图1-2　超滤法示意图

超滤现已成为一种重要的生化实验技术,主要用于生物大分子的脱盐、脱水和浓缩等。超滤技术的关键是膜。常用的膜是由硝酸纤维或乙酸纤维或此二者的混合物制成。近年来出现了非纤维型的各种异型膜,如聚砜膜、聚砜酰胺膜和聚丙烯腈膜等。这种膜在pH 1～14都是稳定的,且在较高温度下也能正常工作。

超滤技术的优点是操作简便,实验条件温和,与蒸发、冰冻干燥相比,没有相的变化,且不引起温度、pH的变化,因而可以防止生物大分子的变性、失活和自溶等。另外,成本相对低廉,不需添加任何化学试剂。

超滤法也有一定的局限性,它不能直接得到干粉制剂。对于蛋白质溶液,一般只能达到10%～50%的纯度。另外,由于超滤法处理的液体多数含有水溶性生物大分子、有机胶体、多糖及微生物等,这些物质极易黏附在膜表面上,造成严重的堵塞,这是超滤法常出现的问题,通常可通过加大液体流量、加强搅拌和加强湍流等方法解决。

3. 沉淀

溶液中的溶质由液相变成固相析出的过程称为沉淀。沉淀法是分离纯化大分子物质,特别是制备蛋白质或酶的常用方法。该法操作简便,成本较低。该方法通过不同物质在同一溶剂中的溶解度不同而进行分离。物质溶解度的大小与溶质和溶剂的化学结构及性质有关,改变溶液的pH、溶剂的组分或加入某些沉淀剂,以及改变溶液的离子强度和极性等都会使溶质的溶解度发生改变。不同溶解度是由溶质分子间及溶质与溶剂分子之间亲和力的不同所致。常用的沉淀方法如下所述:

(1) 盐析法

该法多用于多种蛋白质和酶的分离纯化。在高浓度盐溶液中,蛋白质由于表面的水化膜被破坏、溶解度下降而从溶液中沉淀出来。各种蛋白质的溶解度不同,因而可利用不同浓度的盐溶液来沉淀分离各种蛋白质。

用盐析法提纯蛋白质时应考虑以下几个条件：

① 盐的种类。盐析时常用的中性盐有硫酸铵、硫酸镁、硫酸钠、氯化钠、磷酸钠等。其中应用最广泛的是硫酸铵,该盐具有溶解度大,且溶解度受温度影响不大,不易引起蛋白质变性等优点。该盐的缺点是其中的铵离子常干扰双缩脲反应,为蛋白质的定性分析带来一定的困难。

② 盐的浓度。分段盐析法是通过改变盐浓度达到分离的目的,即将盐的浓度准确地分步提高到各种蛋白质所需的浓度。盐的浓度常用饱和度表示,饱和溶液定为100%。

③ pH。溶解度与溶液的pH有密切关系。当溶液的pH达到蛋白质等电点时,蛋白质的溶解度最低,易从溶液中析出,因此在盐析时,应控制溶液的pH使之等于或接近蛋白质的等电点。

④ 温度。温度对蛋白质溶解度的影响不如pH影响显著。因此,盐析法对温度的要求不严格,低温盐析主要是为了防止蛋白质变性。

⑤ 蛋白质浓度。溶液中蛋白质浓度越高,盐析所需的盐饱和度越低,所以,盐析时蛋白质浓度不宜过低。但过高的蛋白质浓度也不合适,它会和其他蛋白产生共沉淀作用而影响分离蛋白的纯度。

（2）有机溶剂沉淀法

有机溶剂能使许多蛋白质（酶）、核酸、多糖和小分子物质发生沉淀作用,是较早使用的沉淀方法之一。其原理是：通过向溶液中加入有机溶剂降低溶液的介电常数,减小溶剂的极性,从而削弱溶剂分子与蛋白质分子间的相互作用,导致蛋白质溶解度降低而沉淀；由于使用的有机溶剂与水互溶,它们在溶解于水的同时从蛋白质分子周围的水化层中夺走了水分子,破坏了蛋白质分子的水膜,因而使蛋白质发生沉淀作用。

有机溶剂沉淀法具有分辨能力高、沉淀物不用脱盐、过滤比较容易等优点,其缺点是容易引起某些生物大分子变性失活,操作需在低温下进行。

有机溶剂沉淀法的影响因素主要有以下几个：

① 温度。多数生物大分子（如蛋白质、酶和核酸）在有机溶剂中对温度特别敏感,温度稍高就会引起变性,且有机溶剂与水混合时常产生放热反应,因此该法操作时要在冰浴中进行,加入有机溶剂时必须缓慢且不断搅拌以避免局部浓度过大。通常情况下,温度越低,得到的蛋白质活性越高。

② 样品浓度。低浓度样品回收率低,高浓度样品可以节省有机溶剂,减少蛋白质变性的风险,但杂蛋白的共沉淀作用大。通常使用5~20mg/mL的蛋白质初浓度较为适宜。

③ pH。应选择样品稳定的pH范围,通常选在等电点附近,可提高分辨能力。

沉淀所得的固体样品,如果不立即溶解进行下一步分离,则应尽可能抽干沉淀,减少其中有机溶剂的含量,如果有必要,可以透析脱去有机溶剂,以免影响样品的生物活性。

（3）选择性变性沉淀法

该法包括热变性沉淀、表面活性剂变性沉淀和有机溶剂变性沉淀、酸碱变性沉淀等几种,多用于除去某些不耐热和在一定pH下易变性的杂蛋白。

① 热变性沉淀是指利用生物大分子对热的稳定性不同,提高温度使杂蛋白变性沉淀而使目的蛋白保留在溶液中。

② 表面活性剂变性沉淀和有机溶剂变性沉淀是指使那些对表面活性剂和有机溶剂敏感性强的杂蛋白变性沉淀。该方法通常在冰浴或冷室中进行。

③ 选择性酸碱变性沉淀。利用蛋白质对 pH 的稳定性不同而使杂蛋白变性沉淀。通常是在分离纯化流程中附带进行的分离纯化步骤。

（4）等电点沉淀法

利用两性电解质在达到电中性时溶解度最低、易发生沉淀的性质,进行蛋白质的纯化分离。氨基酸、蛋白质、酶和核酸都是两性电解质,可以用此法进行初步的沉淀分离。由于许多蛋白质等电点十分接近,而且带有水化膜的蛋白质等生物大分子仍有一定的溶解度,不能完全沉淀析出,单独使用此法分辨率较低,常与盐析法、有机溶剂沉淀法或其他沉淀剂一起配合使用,以提高沉淀能力和分离效果。

第 4 节　实验报告的撰写要求

动物生物化学实验是在动物生物化学理论指导下的实践活动。实验目的是通过实践训练使学生掌握科学观察的基本方法和技能,培养学生科学思维、分析判断及解决实际问题的能力,培养学生尊重科学事实、追求真理的学风。通过实验还可加深和扩大学生对动物生物化学理论的认识。

为达到实验目的,要求学生应在实验前进行预习,使学生对实验目的、实验原理、实验内容、基本操作及注意事项有初步的了解;要求学生在实验中合理组织安排时间,严肃认真地进行操作,细致观察各种变化,并如实做好实验结果的记录;还要求学生在操作结束后认真计算或分析,写出实验报告。

一、 实验记录

实验记录应及时、如实、准确、详尽、清楚。回顾性的记录容易造成有意或无意的失真,因此实验中应将观察到的现象、结果、数据及时记录在记录本上。实验结果的记录不可掺杂任何主观因素,不能受现成资料及他人实验结果的影响。若出现"不正常"的现象,更应如实详尽记录。

表格式的记录方式简练而清晰,值得提倡使用。记录时字迹必须清楚,不提倡使用易于涂改及消退的笔、墨做原始记录。

完整的实验记录应包括实验日期、内容、目的、操作、现象及结果(含计算结果及各种图表)。使用精密仪器进行实验时还应记录仪器的型号及编号。实验结束后,应及时整理和总结实验结果,写出实验报告。按照实验内容的不同,实验可分为定性和定量实验两大类,下面分别列举两类实验报告的书写格式,以供参考。

二、 定性实验报告的书写格式

实验编号　　　　实验名称

（1）实验目的和要求

（2）实验原理

（3）实验的操作方法(或步骤)

（4）结果与讨论

（5）实验者签名

在写实验报告时，可按照实验内容分别写出实验目的和要求、实验原理、操作过程、结果与讨论等。原理部分应简述基本原理。操作方法（或步骤）可以用工艺流程图的方法或自行设计的表格来表示。可以将结果与讨论和某些实验的操作方法（或步骤）合并，自行设计各种表格综合书写。结果与讨论包括实验结果及观察现象的小结、对实验中遇到的问题和思考题进行探讨，以及对实验的改进意见等。

三、 定量实验报告的书写格式

实验编号　　　　　　实验名称

（1）实验目的和要求

（2）实验原理

（3）实验的试剂配制及仪器

（4）实验的操作方法（或步骤）

（5）实验的数据处理

（6）结果与讨论

（7）实验者签名

在实验报告中，应简明扼要地叙述实验的目的和要求、原理及操作方法，但对实验条件（主要试剂与所用仪器型号）和操作的关键环节也要书写清楚。对于实验结果部分，应根据实验课的要求将一定实验条件下获得的结果和数据进行整理、归纳、分析和对比，并尽量总结成各种图表、标准曲线图以及实验组与对照组实验结果对比图等。

另外，还应针对实验结果进行必要的分析说明。讨论部分一般包括：对实验方法或操作技术及有关实验中遇到的其他问题，如对实验的正常结果和异常现象以及思考题进行探讨；对于实验设计的认识、体会和建议；对实验课改进的建议等。每个实验报告都应按照上述要求书写。实验报告的书写水平是衡量学生实验成绩的一个重要方面。实验报告必须独立完成，严禁抄袭。

第2章 动物生物化学常用实验技术原理

第1节 离 心 技 术

离心技术在生命科学,特别是在生物化学和分子生物学研究领域已得到广泛的应用,每个生物化学实验室都要配置各种型号的离心机。离心技术主要用于多种生物样品的分离和制备,生物样品悬浮液在高速旋转下,由于强大的离心力作用使悬浮的微小颗粒(细胞器、生物大分子等)以一定的速度沉降,从而与溶液分离,其沉降速度取决于分子的质量、大小和密度。

一、 离心技术的基本原理

当一个粒子(生物大分子或细胞器)受到离心力作用时,此离心力"F"的大小可用下式表示:

$$F = m\omega^2 r$$

式中:m 表示沉降粒子的有效质量;ω 表示粒子旋转的角速度;r 表示粒子的旋转半径(cm)。

通常离心力常用地球引力的倍数来表示,因而称为相对离心力(relative centrifugal force,RCF),即在离心场中,作用于颗粒的离心力相当于地球重力的倍数,常用字母"g"表示。相对离心力 RCF 可用下式计算:

$$RCF = 1.119 \times 10^{-5} \times n^2 r$$

式中:n 表示转子每分钟的转数[r(rotation)/min(minute)],r 表示粒子的旋转半径(cm)。由上式可见,只要给出旋转半径 r,则 RCF 和 n 之间可以相互换算。由于转头形状及结构存在差异,每台离心机的离心管从管口至管底的各点与旋转轴之间的距离是不一样的。科技文献中离心力的数据通常是指其平均值,即离心管中点的离心力。

一般情况下,低速离心时常以转速"r/min"来表示,高速离心时则以"g"表示。"g"代替"r/min",因为它可以真实反映颗粒在离心管内不同位置的离心力及其动态变化。

二、 离心机的主要类型和构造

离心机可分为工业用离心机和实验用离心机。实验用离心机又分为制备性离心机和分析性离心机,制备性离心机主要用于分离各种生物材料,每次分离的样品容量比较大;分析性离心机一般都带有光学系统,主要用于研究生物大分子和颗粒的理化性质,推断物质的纯度、形状和相对分子质量等。分析性离心机大多为超速离心机。

(一) 制备性离心机

1. 普通离心机

最大转速为 6 000r/min 左右,最大相对离心力近 6 000g,容量为几十毫升至几升,分离形式是固液沉降分离,转子有角式和外摆式之分,其转速不能严格控制,通常不带冷冻系统,在室温下操作,用于收集易沉降的大颗粒物质,如红细胞、酵母细胞等。这种离心机多用交流整流子电动机驱动,电机的碳刷易磨损,转速用电压调压器调节,起动电流大,速度升降不均匀,一般情况下,转头置于一个硬质钢轴上,因此精确地平衡离心管及内容物显得尤为重要,否则会损坏离心机。

2. 高速冷冻离心机

最大转速为 20 000～25 000r/min,最大相对离心力为 89 000g,最大容量可达 3L。分离形式也是固液沉降分离,可配各种角式转头、荡平式转头、区带转头、垂直转头和大容量连续流动式转头等。一般都有制冷系统,以消除高速旋转转头与空气摩擦产生的热量。离心室的温度可以调节和维持在 0～40℃。转速、温度和时间都可以严格准确地控制,并有指针或数字显示。通常用于微生物菌体、细胞碎片、大细胞器、硫酸铵沉淀和免疫沉淀物等的分离纯化工作,但不能有效地沉降病毒、小细胞器(如核蛋白体)或单个分子。

3. 超速离心机

转速可达 50 000～150 000r/min,相对离心力最大可达 657 000g,离心容量从几十毫升至 2L,分离形式有差速沉降分离和密度梯度区带分离之分,离心管平衡允许的误差小于0.1g。超速离心机的出现,使生物科学的研究领域得以不断扩大,它使过去仅仅在电子显微镜下才能观察到的亚细胞器得到分级分离,还可以分离病毒、核酸、蛋白质和多糖等。

超速离心机主要由精密齿轮箱或皮带变速驱动,或直接用变频感应电动机驱动,并用微机进行控制,由于驱动轴的直径较细,因而在旋转时此细轴可有一定的弹性弯曲,以适应转头轻度的不平衡,而不至于引起震动或损伤转轴。除速度控制系统外,还有一个过速保护系统,以防止转速超过转头最大规定转速而引起转头的撕裂或爆炸,因此,离心腔用能承受此种爆炸的装甲钢板密闭。

温度控制是由安装在转头下面的红外线感受器直接、连续监测离心腔的温度,以保证更准确、更灵敏的温度调控,这种红外线温控比高速离心机的热电偶控制装置更敏感、更准确。

超速离心机装有真空系统,这是它与高速离心机的主要区别。离心机的速度在 2 000r/min以下时,空气与旋转转头之间的摩擦只产生少量的热量;速度超过 20 000r/min 时,由摩擦产生的热量显著增大;当速度在 40 000r/min 以上时,由摩擦产生的热量就成为严重问题,因此,将离心腔密封,并将由机械泵和扩散泵串联工作的真空泵系统抽成真空,温度的变化容易控制,摩擦力减小,这样才能达到所需的超高转速。

（二）分析性离心机

分析性离心机使用了特殊设计的转头和光学检测系统，以便连续地监视物质在一个离心场中的沉降过程，从而确定其物理性质。分析性超速离心机的转头是椭圆形的，以避免应力集中于孔处。此转头通过一个有柔性的轴连接到一个高速的驱动装置上，转头在一个冷冻和真空的腔中旋转，转头上有 2～6 个装有离心杯的小室。离心杯由扇形石英材料制成，可以上下透光，离心机中装有一个光学系统，在整个离心期间都能通过紫外吸收或折射率的变化监测离心杯中沉降的物质，在预设的时间内拍摄沉降物质的照片。在分析离心杯中物质沉降情况时，在重颗粒和轻颗粒之间形成的界面就像一个折射的透镜，结果在检测系统的照相底版上产生了一个峰。沉降不断进行，界面向前推进，因此峰也移动，从峰移动的速度可以计算出样品颗粒的沉降速度。

分析性超速离心机的主要特点就是能在短时间内，用少量样品就可以得到一些重要信息：如果能够确定生物大分子是否存在及其大致的含量，可以计算生物大分子的沉降系数，结合界面扩散结果估计分子的大小，检测分子的不均一性及混合物中各组分的比例，测定生物大分子的相对分子质量，还可检测生物大分子的构象变化等。

（三）转头

1. 角式转头

角式转头是指离心管腔与转轴成一定倾角的转头。它由一块完整的金属制成，其上有 4～12 个装离心管用的机制孔穴，即离心管腔。孔穴的中心轴与旋转轴之间的角度为 20°～40°范围内，角度越大，沉降越结实，分离效果越好。这种转头的优点是具有较大的容量，且重心低，运转平衡，使用寿命较长。颗粒在沉降时先沿离心力方向撞向离心管，然后沿管壁滑向管底，因此管的一侧就会出现颗粒沉积，此现象称为壁效应。壁效应容易使沉降颗粒受突然变速所产生的对流扰乱，影响分离效果。

2. 荡平式转头

这种转头是由吊着的 4 个或 6 个自由活动的吊桶（离心套管）构成。当转头静止时，吊桶垂直悬挂，当转头转速达到 200～800r/min 时，吊桶荡至水平位置。这种转头最适合做密度梯度区带离心，其优点是梯度物质可放在保持垂直的离心管中，离心时被分离的样品带垂直于离心管纵轴，而不像角式转头中样品沉淀物的界面与离心管成一定角度，因而有利于分层取出已分离的各样品带；其缺点是颗粒沉降距离长，离心所需时间也长。

3. 区带转头

区带转头无离心管腔，由一个转子桶和可旋开的顶盖组成，转子桶中装有十字形隔板装置，把桶内分隔成四个或多个小室，隔板内有导管。梯度液或样品液从转头中央的进液管泵入，通过这些导管分布到转子四周，转头内的隔板可保持样品带和梯度介质的稳定。沉降的样品颗粒在区带转头中的沉降情况不同于角式和荡平式转头，在径向的散射离心力作用下，颗粒的沉降距离不变，因此区带转头的壁效应极小，可以避免区带和沉降颗粒的混乱，分离效果好，它还有转速高、容量大、回收梯度容易和不影响分辨率的优点，使超速离心用于工业生产成为可能；区带转头的缺点是样品和介质直接接触转头，耐腐蚀要求高，且操作复杂。

4. 垂直转头

其离心管垂直放置,样品颗粒的沉降距离最短,离心所需时间也短,适合密度梯度区带离心。离心结束后液面和样品区带要做 90°转向,因而降速要慢。

5. 连续流动转头

可用于大量培养液或提取液的浓缩与分离。转头与区带转头类似,由转子桶和有入口和出口的转头盖及附属装置组成。离心时样品液由入口连续流入转头,在离心力作用下,悬浮颗粒沉降于转子桶壁,上清液由出口流出。

(四) 离心管

离心管主要用塑料或不锈钢材料制成,塑料离心管常用的材料有聚乙烯(PE)、聚碳酸酯(PC)、聚丙烯(PP)等,其中 PP 管性能较好。塑料离心管的优点是透明(或半透明),硬度小,可用穿刺法取出梯度;缺点是易变形,抗有机溶剂腐蚀性差,使用寿命短。不锈钢管强度大,不变形,能抗热、抗冻、抗化学腐蚀,但使用时也应避免接触强腐蚀性的化学药品,如强酸、强碱等。塑料离心管都有管盖,离心前管盖必须盖严。管盖有三种作用:防止样品外泄,用于有放射性或强腐蚀性的样品时,这点尤其重要;防止样品挥发;支持离心管,防止离心管变形。

三、 常用的离心方法

(一) 差速沉降离心法

这是最普通的离心法,即采用逐渐增加离心速度或低速和高速交替进行离心,使沉降速度不同的颗粒,在不同的离心速度及不同离心时间下分批分离的方法(图 2-1)。此法一般用于分离沉降系数相差较大的颗粒。差速离心首先要选择好颗粒沉降所需的离心力和离心时间。当以一定的离心力在一定的离心时间内进行离心时,在离心管底部就会得到最大和最重颗粒的沉淀,分出的上清液在加大转速下再进行离心,又得到第二部分较大、较重颗粒的沉淀及含较小和较轻颗粒的上清液,如此多次离心处理,即能把液体中的不同颗粒较好地分离开。此法所得的沉淀是不均一的,仍掺杂有其他成分,需经过 2～3 次的再悬浮和再离心,才能得到较纯的颗粒。

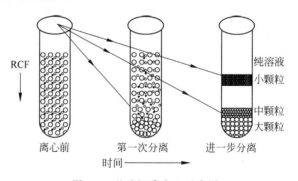

图 2-1 差速沉降离心示意图

此法主要用于从组织匀浆液中分离细胞器和病毒,其优点是:操作简易,离心后用倾倒法即可将上清液与沉淀分开,并可使用容量较大的角式转子;其缺点是:须多次离心,沉淀中有夹带,分离效果差,不能一次得到纯颗粒,沉淀于管底的颗粒受挤压,容易变性失活。

（二）密度梯度区带离心法

又称区带离心法,即将样品加在惰性梯度介质中进行离心沉降或沉降平衡,在一定的离心力下把颗粒分配到梯度中某些特定位置上,形成不同区带的分离方法。

此法的优点是:分离效果好,可一次获得较纯颗粒;适应范围广,能像差速离心法一样分离沉降系数差的颗粒,又能分离有一定浮力密度差的颗粒;颗粒不会挤压变形,能保持颗粒活性,并防止已形成的区带由于对流而引起混合;其缺点是:离心时间较长;需要制备惰性梯度介质溶液;操作严格,不易掌握。

1. 密度梯度区带离心法分类

（1）差速区带离心法:当不同的颗粒间存在沉降速度差时,在一定的离心力作用下,颗粒各自以一定的速度沉降,在密度梯度介质的不同区域上形成区带的方法称为差速区带离心法。此法仅用于分离有一定沉降系数差的颗粒（20%的沉降系数差或更少）或相对分子质量相差 3 倍的蛋白质,与颗粒的密度无关。大小相同,密度不同的颗粒（如线粒体、溶酶体等）不能用此法分离。离心管先装好密度梯度介质溶液,样品液加在梯度介质的液面上,离心时,由于离心力的作用,颗粒离开原样品层,按不同沉降速度向管底沉降,离心一定时间后,沉降的颗粒逐渐分开,最后形成一系列界面清晰的不连续区带,沉降系数越大,沉降越快,所呈现的区带也越低,离心必须在沉降最快的大颗粒到达管底前结束,样品颗粒的密度要大于梯度介质的密度。梯度介质通常用蔗糖溶液,其最大密度可达 $128kg/cm^3$,浓度可达 60%。此法的关键是选择合适的离心转速和时间。

（2）等密度区带离心法:离心时,样品的不同颗粒向上浮起,一直移动到与它们密度相等的等密度点的特定梯度位置上,形成几条不同的区带,这就是等密度离心法。体系到达平衡状态后,再延长离心时间和提高转速已无意义,处于等密度点上的样品颗粒区带形状和位置均不再受离心时间影响,提高转速可以缩短达到平衡的时间,离心所需时间以最小颗粒到达等密度点（即平衡点）的时间为基准。等密度离心法的分离效率取决于样品颗粒的浮力密度差,密度差越大,分离效果越好,与颗粒大小和形状无关,但大小和形状决定着达到平衡的速度、时间和区带宽度。等密度区带离心法所用的梯度介质通常为氯化铯或蔗糖溶液。此法可分离核酸、亚细胞器、复合蛋白质等。

2. 收集区带的方法

用注射器和滴管从离心管上部吸出;用针刺穿离心管底部滴出;用针刺穿离心管区带部位的管壁,把样品区带抽出;用细管插入离心管底,泵入超过梯度介质最大密度的取代液,将样品和梯度介质压出,用自动部分收集器收集。

四、 离心操作的注意事项

高速与超速离心机是生物化学实验教学和科研的重要精密设备,因其转速高,产生的离心力大,使用不当或缺乏定期的检修和保养,可能发生严重事故,因此使用离心机时必须严格遵守操作规程。

（1）使用各种离心机时,必须事先在天平上精密地平衡离心管和其内容物,平衡时质量之差不得超过离心机说明书上所规定的范围,每个离心机不同的转头均有各自的允许差值,转头中绝对不能装载单数的离心管,当转头只是部分装载时,离心管必须互相对称地放在转头中,以便使负载均匀地分布在转头的周围。

(2)装载溶液时,要根据各种离心机的具体操作说明进行,根据待离心液体的性质及体积选用适合的离心管。有的离心管无盖,液体不得装得过多,以防离心时甩出,造成转头不平衡、生锈或被腐蚀;而制备性超速离心机的离心管,则常常要求必须将液体装满,以免离心时塑料离心管上部变形。每次使用后,必须仔细检查转头,及时清洗、擦干;转头是离心机中须重点保护的部件,搬动时要小心,不要碰撞,避免造成伤痕;转头长时间不用时,要涂上一层光蜡保护。严禁使用显著变形、损伤或老化的离心管。

(3)若要在低于室温的温度下离心时,转头在使用前应放置在冰箱或置于离心机的转头室内预冷。

(4)离心过程中不得随意离开,应随时观察离心机上的仪表是否正常工作,如有异常的声音应立即停机检查,及时排除故障。

(5)每个转头各有其最高允许转速和使用累计期限,使用转头时要查阅说明书,不得过速使用。每个转头都要有一份使用档案,记录累计使用时间,若超过了该转头的最高使用限时,则须按规定降速使用。

第 2 节　分光光度技术

利用紫外光、可见光、红外光和激光等测定物质的吸收光谱,对物质进行定性、定量分析的方法,称为分光光度法或分光光度技术,使用的仪器称为分光光度计。分光光度计灵敏度高,测定速度快,应用范围广。紫外/可见分光光度技术是生物化学研究工作中必不可少的基本手段之一。

一、 分光光度技术的原理

物质的吸收光谱与它们本身的分子结构有关,不同物质由于其分子结构不同,对不同波长光线的吸收能力也不同。每种物质都有特定的吸收光谱,在一定条件下,其吸收程度与该物质浓度成正比,因此可利用各种物质不同的吸收光谱及其强度,对不同物质进行定性和定量分析。常用的波长范围有:$200\sim400nm$ 的紫外光区;$400\sim760nm$ 的可见光区;$760\sim2\,500nm$ 为近红外光区;$2.5\sim25\mu m$ 为中红外光区。所用仪器分别为紫外分光光度计、可见光分光光度计、红外分光光度计或原子吸收分光光度计等。

分光光度法根据的原理是朗伯-比尔定律。该定律阐明了溶液对单色光吸收程度与溶液浓度及溶液厚度之间的相关性。单色光辐射穿过被测物质溶液时,被该物质吸收的量与该物质的浓度和液层的厚度(光路长度)成正比,根据朗伯-比尔定律,其关系如下式所述:

$$A = abc$$

式中:A 为吸光度;a 为吸光系数;b 为溶液层厚度(cm);c 为溶液的浓度(g/L)。其中吸光系数与溶液的本性、温度以及波长等因素有关。溶液中其他组分(如溶剂等)对光的吸收可用空白液扣除。由上式可知,当固定溶液层厚度 b 和吸光系数 a 时,吸光度 A 与溶液的浓度 c 呈线性关系。在定量分析时,首先需要测定溶液对不同波长光的吸收情况(吸收光谱),从中确定最大吸收波长,然后以此波长的光为光源,测定一系列已知浓度 c 溶液的吸光度 A,作标准曲线(浓度-吸光度曲线)。在分析未知溶液时,根据测量的吸光度 A,查找标准曲线即可确定出相应的溶液浓度。这就是分光光度法测量物质浓度的基本原理。

二、 分光光度计的组成和构造

能从含有各种波长的混合光中将每一单色光分离出来并测量其强度的仪器称为分光光度计。分光光度计因使用的波长范围不同而分为紫外光区、可见光区、红外光区以及万用（全波段）分光光度计等。无论哪一类分光光度计都由下列五部分组成，即光源、分光系统（单色器）、狭缝、比色杯（样品池）、检测器系统。

1. 光源

要求光源能提供所需波长范围的连续光谱，稳定且有足够的强度。常用的有白炽灯（钨灯等）和气体放电灯（氢灯、氘灯及氙灯等）以及金属弧灯（各种汞灯）等多种。钨灯能发射 $320\sim2\,000nm$ 的连续光谱，最适工作范围为 $360\sim1\,000nm$，稳定性好，可用作可见光分光光度计的光源。氢灯和氘灯能发射 $150\sim400nm$ 的紫外线，可用作紫外分光光度计的光源。汞灯发射的不是连续光谱，能量绝大部分集中在 $253.6nm$ 波长外，一般作波长校正用。钨灯灯管发黑时应及时更换，如换用的灯型号不同，还需要调节灯座的位置。氢灯及氘灯的灯管或窗口是石英的，且有固定的发射方向，安装时必须仔细校正，接触灯管时应戴手套以防留下污迹。

2. 分光系统

分光系统也称单色器，是指能从混合光波中分解出所需单一波长光的装置，由棱镜或光栅构成。用玻璃制成的棱镜色散力强，只能在可见光区工作。石棱镜工作波长范围为 $185\sim4\,000nm$，在紫外区有较好的分辨力且适用于可见光区和近红外区。棱镜的特点是波长越短，色散程度越好，所以用棱镜的分光光度计，其波长刻度在紫外区可达到 $0.2nm$，而在长波段只能达到 $5nm$。有的分光系统是衍射光栅，即在石英或玻璃的表面上刻画许多平行线，刻线处不透光，于是通过光的干涉和衍射现象，较长的光波偏折的角度大，较短的光波偏折的角度小，因而形成光谱。

3. 狭缝

狭缝是指由一对隔板在光通路上形成的缝隙，用来调节入射单色光的纯度和强度，也直接影响分辨力。狭缝可在 $0\sim2mm$ 宽度内调节，由于棱镜色散力随波长不同而变化，较先进的分光光度计的狭缝宽度可随波长一起调节。

4. 比色杯

比色杯也叫样品池、吸收器或比色皿，用来盛放溶液，各个杯子壁的厚度等规格应尽可能完全相同，否则将产生测定误差。玻璃比色杯只适用于可见光区，在紫外区测定时要用石英比色杯。不能用手指拿比色杯的光面，用后要及时洗涤，可用温水清洗或用稀盐酸、乙醇以及铬酸洗液（浓酸中浸泡不要超过 $15min$）浸泡，表面只能用柔软的绒布或拭镜纸擦净。

5. 检测器系统

有许多金属能在光的照射下产生电流，光越强电流越大，此即光电效应。因光照射而产生的电流叫作光电流。受光器有两种：一是光电池；二是光电管。光电池的组成种类繁多，最常见的是硒光电池。光电池受光照射产生的电流颇大，可直接用微电流计量，但是，连续照射一段时间后会产生疲劳现象，光电流下降，要在暗中放置一段时间才能恢复。因此使用时不宜长期照射，随用随关，以防止光电池疲劳而产生误差。

光电管装有一个阴极和一个阳极。阴极是用对光敏感的金属（多为碱土金属的氧化物）做成，当光射到阴极且达到一定能量时，金属原子中的电子发射出来。光越强，光波的振幅越大,电子放出越多。电子是带负电的,被吸引到阳极上而产生电流。光电管产生电流很小,需要放大。分光光度计中常用电子倍增光电管,在光照射下所产生的电流比其他光电管要大得多,这就提高了测定的灵敏度。

检测器产生的光电流以某种方式转变成模拟或数字信号,模拟输出装置包括电流表、电压表、记录器、示波器等,可与计算机联用,数字输出则通过模拟/数字转换装置(如数字式电压表等)完成。

三、 分光光度技术的应用

(一)测定溶液中的物质含量

可见或紫外分光光度法都可用于测定溶液中物质的含量。可以先测出不同浓度标准液的吸光度,绘制标准曲线,在选定的浓度范围内,标准曲线应该是一条直线,然后测定出未知液的吸光度,即可从标准曲线上查到其相对应的浓度。

测定物质含量时所用波长通常要选择被测物质的最大吸收波长,这样做有两个好处:灵敏度高,物质在含量上的稍许变化即可引起较大的吸光度差异;可以避免其他物质的干扰。

(二)用紫外光谱鉴定化合物

使用分光光度计可以绘制吸收光谱曲线。具体方法:将各种波长不同的单色光分别通过某一浓度的溶液,测定此溶液对每一种单色光的吸光度,然后以波长为横坐标,以吸光度为纵坐标,绘制吸光度-波长曲线,此曲线即吸收光谱曲线。各种物质有其一定的吸收光谱曲线,因此用吸收光谱曲线图可进行物质种类的鉴定。当一种未知物质的吸收光谱曲线和某一已知物质的吸收光谱曲线一致时,则很可能它们是同一物质。一种物质在不同浓度时,其在吸收光谱曲线中,峰值的大小不同,但形状相似,即吸收高峰和低峰的波长是一定不变的。紫外线吸收是由物质中的不饱和结构造成的,含有双键的化合物表现出吸收峰。紫外吸收光谱比较简单,同一种物质的紫外吸收光谱应完全一致,但具有相同吸收光谱的化合物其结构不一定相同。除了特殊情况外,单独依靠紫外吸收光谱决定一个未知物质结构时,必须与其他方法配合。紫外吸收光谱分析主要用于已知物质的定量分析和纯度分析。

四、 其他光谱分析技术

(一)原子吸收分光光度法

原子吸收分光光度法是基于待测元素产生的原子蒸气中的基态原子,对所发射的特征谱线的吸收作用进行定量分析的一种技术。常用的定量方法有以下几种:

1. 标准曲线法

按照一定操作过程分别测定一系列浓度不同的标准溶液,以吸光度为纵坐标,浓度为横坐标,绘制标准曲线。在相同条件下处理待测物质并测定其吸光度,即可从标准曲线上找出对应的浓度。由于影响因素较多,每次实验都要重新制作标准曲线。

2. 标准加入法

把待测样本分成体积相同的若干份,分别加入不同量的标准品,然后测定各溶液的吸光度,以吸光度为纵坐标,以标准品加入量为横坐标,绘制标准曲线。用直线外推法使工作曲线延长并相交于横轴,找出组分的对应浓度。本法的优点是能够更好地消除样品基质效应的影响。

3. 内标法

在系列标准品和未知样品中加入一定量样本中不存在的元素(内标元素),分别进行测定。以标准品与内标元素的比值为纵坐标,以标准品浓度为横坐标,绘制标准曲线,再根据未知样品与内标元素的比值,依曲线计算出未知样品的浓度。本法要求内标元素应与待测元素有相近的物理和化学性质,只适用于双通道型原子吸收分光光度计。

(二) 荧光分析法

利用某些物质被紫外光照射后发出的能反映出该物质特性的荧光,进行定性或定量分析的方法。该法的最大特点是:灵敏度高、选择性强和使用简便。在荧光分析中,待测物质分子成为激发态时所吸收的光称为激发光;处于激发态的分子回到基态时所产生的荧光称为发射光。一般常用的荧光分析仪器有目测荧光仪(荧光分析灯)、荧光光度计和荧光分光光度计三种。

(三) 火焰光度法

火焰光度法是利用火焰中激发态原子回降至基态时发射的光谱强度进行含量分析的方法。样品中待测元素激发态原子的发射光强度 I 与该元素浓度 c 成正比关系,即 $I = ac$。式中 a 为常数,与样品的组成、蒸发和激发过程等有关。

火焰光度法通常采用的定量方法有标准曲线法、标准加入法和内标法。

(四) 透射和散射光谱分析法

主要测定光线通过溶液混悬颗粒后的光吸收或光散射程度,常用法为比浊法,又可称为透射比浊法和散射比浊法。临床上多用于抗原或抗体的定量分析。

第 3 节　电泳技术

许多生物分子都带有电荷,在电场作用下可发生移动。由于混合物中各组分所带电荷性质、数量以及相对分子质量各不相同,在同一电场作用下,各组分的泳动方向和速度也各有差异,所以在一定时间内,它们移动的距离也不同,从而可达到分离鉴定的目的。电泳技术是生物化学研究中的重要方法之一,利用电泳技术可分离出许多物质,包括氨基酸、多肽、蛋白质、脂类、核苷、核苷酸及核酸等,并可用于分析物质的纯度和相对分子质量的测定等。

一、 影响电泳的因素

假定一带电粒子在电场中所受的作用力为 F,则 F 的大小取决于粒子所带的电荷 Q 和电场强度 E,即:$F = E \cdot Q$。根据 Stoke 氏定律,球形分子在非真空条件下(如在溶液中)运动时所受的阻力(F')与分子移动的速度(v)、分子半径(r)、介质的黏度(η)有关,即

$$F' = 6\pi r\eta v$$

当 $F=F'$ 时,即达到动态平衡时: $E \cdot Q = 6\pi r\eta v$

整理得:

$$v/E = Q/6\pi r\eta$$

式中: v/E 表示单位电场强度时粒子的运动速度,也称迁移率,以 μ 表示,即:

$$\mu = Q/6\pi r\eta$$

由上式可见,带电颗粒的迁移率与其本身所带净电荷的数量、颗粒大小、形状和介质的黏度等多种因素有关。

(一)颗粒的性质

一般说,颗粒所带的净电荷数量越多,颗粒越小,越接近球形,其在电场中泳动速度就越快;反之则慢。

(二)电场强度

电场强度和电泳速度成正比关系。电场强度越高,则带电粒子的移动越快。根据电场强度的大小,可将电泳分为常压电泳和高压电泳,前者电场强度一般为 $2\sim10\mathrm{V/cm}$;后者为 $20\sim200\mathrm{V/cm}$。但电压增加,相应电流也增大,电流过大时产生的热效应可使蛋白质变性,必须有散热措施,才能得到较好的电泳效果。

(三)介质的 pH 值

介质的 pH 值决定了带电粒子解离的程度,也决定了该物质所带净电荷的性质和多少。对两性电解质(如蛋白质)来说,介质的 pH 离其等电点越远,蛋白质所带净电荷越多,则泳动速度越快,反之越慢。因此,当分离某一蛋白质混合物时,应选择一个合适 pH,使各种蛋白质所带的电荷量差别较大,以利于彼此分开。通常为保持介质 pH 的稳定性,电泳都在一定的缓冲液中进行。

(四)缓冲液的离子强度

缓冲液的离子强度低,电泳速度快,但分离区带不清晰;离子强度高,电泳速度慢,但区带分离清晰。如果离子强度过低,缓冲液的缓冲量小,难于维持 pH 的恒定;离子强度过高,则能降低蛋白质的带电量,使电泳速度过慢。所以最适离子强度一般为 $0.05\sim0.1\mathrm{mol/L}$。

(五)电渗作用

在电场中,液体对于固体支持物的相对移动称为电渗。如在纸电泳中,滤纸中含有表面带负电荷的羟基,因感应相吸而使与纸相接触的水溶液带正电荷,在电场中,液体向负极移动,并带动着物质移动。由于电渗作用与电泳同时存在,所以电泳的粒子移动距离也受到电渗影响,如果物质原来向负极移动,则移动更快,反之则慢,所以电泳时粒子表面速度是其本身泳动速度与由于电渗而引起的移动速度二者的加和。例如,在 pH 为 8.6 的巴比妥缓冲液中进行血清蛋白纸电泳时,γ-球蛋白虽然也同其他主要血清蛋白一样带有负电荷,应向正极移动,但它却向负极方向移动,这一结果是由电渗作用引起的。选择电泳支持物时,应以电渗作用小或几乎无电渗作用的电泳支持物为宜。

二、 电泳的分类

电泳可分为显微电泳、自由界面电泳和区带电泳三种,其中区带电泳操作简便,容易推广,因此常用于分离鉴定。区带电泳又称区域电泳,即电泳在不同的惰性支持物中进行,使各组分成带状区间。基于支持物的物理性状、装置形式、pH 的连续性等不同,区带电泳可进行以下分类。

(一)按支持物物理性状分类

1. 滤纸及其他纤维素薄膜电泳
如纸电泳、乙酸纤维素薄膜电泳等。

2. 凝胶电泳
如琼脂糖、淀粉胶、聚丙烯酰胺凝胶电泳等。

3. 粉末电泳
如纤维素、淀粉、琼脂粉电泳等,将这些粉末与适当溶剂调和,铺成平板进行电泳。

4. 线丝电泳
如尼龙丝、人造丝电泳等,它是一类微量电泳。

(二)按支持物的装置形式分类

1. 平板式电泳
电泳支持物(如凝胶)制成水平板状。

2. 垂直板式电泳
板状支持物在电泳时,按垂直方向进行。

3. 柱状(管状)电泳
聚丙烯酰胺凝胶可灌入适当的电泳管中做成管状电泳等。

(三)按缓冲液 pH 的连续性分类

1. 连续 pH 电泳
在电泳的全部过程中,缓冲液 pH 保持不变,如纸电泳、乙酸纤维素膜电泳。

2. 非连续 pH 电泳
缓冲液和支持物间有不同的 pH,如聚丙烯酰胺凝胶电泳、等电聚焦电泳等。

三、 电泳所需的仪器

电泳所需的仪器主要有电泳槽和电源。

(一)电泳槽

电泳槽是电泳系统的核心部分,根据电泳的原理,电泳支持物都是放在两个缓冲液之间,电场通过电泳支持物连接两个缓冲液,不同电泳采用不同的电泳槽。常用的电泳槽有以下三种。

1. 圆盘电泳槽
有上、下两个电泳槽和带有铂金电极的盖。上槽中具有若干孔,孔不用时用硅胶塞塞住,要用的孔配以可插电泳管(玻璃管)的硅胶塞。电泳管的内径早期为5～7mm,为保证冷却和微量化,现在则越来越细。

2. 垂直板电泳槽

垂直板电泳槽的基本原理和结构与圆盘电泳槽基本相同。差别只在于制胶和电泳不在电泳管中,而是在一块垂直放置的平行玻璃板中间。

3. 水平电泳槽

水平电泳槽的形状各异,但结构大致相同。一般包括电泳槽基座、冷却板和电极。

(二)电源

要使生物大分子在电场中泳动,必须有电场的存在,且电泳的分辨率、电泳速度与电泳时的电参数密切相关。不同的电泳技术需要不同的电压、电流和功率范围,所以应根据电泳技术的需要选择电源,如聚丙烯酰胺凝胶电泳和SDS电泳需要200～600V的电压。

四、 电泳分析常用的方法

(一)乙酸纤维素薄膜电泳

乙酸纤维素薄膜电泳是以乙酸纤维素薄膜为支持物,即由纤维素的羟基经乙酰化而制成。乙酸纤维素薄膜是一种细密而又薄的微孔膜。该膜对样品的吸附性较小,因此,少量的样品,甚至大分子物质都有较高的分辨率。乙酸纤维素薄膜由于亲水性较小,故电渗作用也较弱,并且它所容纳的缓冲液也较少,因此电流的大部分由样品传导,可以加速样品的分离,大大节约电泳时间。乙酸纤维薄膜电泳具有操作简单、快速、价廉、定量容易等优点,尤其与纸电泳相比,分辨力强,区带清晰,灵敏度高,便于保存、照相等。目前乙酸纤维素薄膜电泳已取代纸电泳,并被广泛应用于科学实验、生物化学产品分析和临床化验,如分析检测血浆蛋白、脂蛋白、糖蛋白、胎儿甲种球蛋白、脱氢酶、多肽、核酸及其他生物大分子等,为心血管疾病、肝硬化及某些癌症鉴别诊断提供了可靠的依据,已成为医学和临床检验的常规技术。

(二)琼脂糖凝胶电泳

琼脂糖凝胶电泳是一种以琼脂糖凝胶为支持物的凝胶电泳,其分析原理与其他支持物电泳的最主要区别是:它兼有"分子筛"和"电泳"的双重作用。琼脂糖凝胶具有网格结构,直接参与带电颗粒的分离过程,在电泳中,物质分子通过空隙时会受到阻力,大分子物质在泳动时受到的阻力比小分子大,因此在凝胶电泳中,带电颗粒的分离不仅依赖于净电荷的性质和数量,而且还取决于分子大小,这就大大提高了分辨能力。琼脂糖由天然的琼脂加工制得,是一种多聚糖,主要由琼脂糖(约占80%)及琼脂胶组成。琼脂糖是由半乳糖及其衍生物构成的中性物质,不带电荷;而琼脂胶是一种含硫酸根和羧基的强酸性多糖,由于这些基团带有电荷,在电场作用下能产生较强的电渗现象,加之硫酸根可与某些蛋白质作用而影响电泳速度及分离效果。而加工制得的琼脂糖凝胶可克服这些不足之处,该电泳技术具有以下优点:

(1)操作简单,电泳速度快,样品不需事先处理就可进行。

(2)凝胶结构均匀,含水量大(占98%～99%),近似自由电泳,样品扩散度较自由电泳小,对样品吸附极微,电泳图谱清晰,分辨率高,重复性好。

（3）凝胶透明无紫外吸收,电泳过程和结果可直接用紫外线定性检测及定量测定。

（4）电泳后区带易染色,样品易洗脱,便于定量测定。制成干膜可长期保存。琼脂糖凝胶通常制成板状,常配成 1% 的琼脂糖作为电泳支持物。缓冲液的 pH 为 6~9,最适离子强度为 0.02~0.05。离子强度过高时,将有大量电流通过凝胶,使凝胶中的水分大量蒸发,甚至造成凝胶干裂,电泳中应加以避免。由于琼脂糖电泳具有较高分辨率,重复性好,区带易染色、洗脱和定量,以及干膜可以长期保存等优点,所以常用于血清蛋白、血红蛋白、脂蛋白、糖蛋白、乳酸脱氢酶、碱性磷酸酶等同工酶的分离和鉴定,为临床某些疾病的鉴别诊断提供了依据。与免疫化学反应相结合发展成为免疫电泳技术,用于分离和检测抗原。另外,也可对目前常用的琼脂糖进行某些修饰,如引入化学基团羟乙基,则可使琼脂糖在 65℃ 左右便能熔化,即低熔点琼脂糖。该温度低于 DNA 的熔点,而且凝胶强度又无明显改变,以此为支持物进行电泳,称为低熔点琼脂糖凝胶电泳,主要用于 DNA 研究,如 DNA 鉴定、DNA 限制性内切酶图谱制作等,该法为 DNA 分子及其片段相对分子质量测定和 DNA 分子构象的分析提供了重要手段。

（三）聚丙烯酰胺凝胶电泳

聚丙烯酰胺凝胶是由单体丙烯酰胺（Acr）和交联剂 N,N'-甲叉双丙烯酰胺（Bis）在加速剂和催化剂的作用下聚合交联成三维网状结构的凝胶,以此凝胶为支持物的电泳称为聚丙烯酰胺凝胶电泳（PAGE）。

1. 聚丙烯酰胺凝胶的优点

（1）机械强度好、弹性好、透明、无电渗作用、吸附作用小。

（2）化学性能稳定,与待分离物质不起任何化学反应。

（3）样品不易扩散、用量少、灵敏度高。

（4）凝胶孔径可调节,可根据被分离物的相对分子质量选择合适的浓度,通过改变单体及交联剂的浓度来调节凝胶的孔径。

（5）分辨率高,尤其在不连续凝胶电泳中,集浓缩、分子筛和电荷效应于一体,较乙酸纤维素薄膜电泳、琼脂糖电泳等有更高的分辨率。

PAGE 应用范围广,可用于蛋白质、酶、核酸等生物大分子的分离、定性、定量及少量的制备,还可测定相对分子质量、等电点等。聚丙烯酰胺凝胶电泳可分为圆盘电泳、垂直板型电泳、梯度凝胶电泳、十二烷基硫酸钠-聚丙烯酰胺凝胶电泳、等电聚焦电泳及双向电泳等技术。盘状电泳是在垂直的玻璃管内,利用不连续的缓冲液、pH 和凝胶孔径进行的电泳。垂直板型电泳是将聚丙烯酰胺凝胶聚合成薄板状凝胶,竖直进行电泳,其优点是:在同一条件下可电泳多个要比较的样品,重复性好。在聚丙烯酰胺凝胶体系中加入十二烷基硫酸钠（SDS）,SDS 带有大量负电荷,当其与蛋白质结合时,所带的负电荷大大超过了天然蛋白质原有的电荷,从而消除和遮盖了不同种类蛋白质间原有电荷的差异,均带有相同电荷,因而可利用相对分子质量差异将各种蛋白质分开。SDS 可使蛋白质的氢键、疏水键打开,因此它与蛋白质结合后,还可引起蛋白质构象的改变。因此蛋白质-SDS 复合物在凝胶电泳中的迁移率不再受蛋白质原有电荷和形状的影响,而只与蛋白质的相对分子质量有关,可用于蛋白质相对分子质量的测定。

2. 凝胶的制备

聚丙烯酰胺凝胶是在催化剂的作用下由单体丙烯酰胺(Acr)和交联剂 N,N'-甲叉双丙烯酰胺(Bis)聚合而成,Acr 和 Bis 单独存在或混合在一起时是稳定的,但在游离基存在时,它们就聚合成凝胶。引发产生游离基的方法有化学聚合法和光聚合法两种。

(1) 化学聚合法:常用的催化剂系统有过硫酸铵-TEMED(四甲基乙二胺)、过硫酸铵-DMPN(二甲基氨基丙腈)、过硫酸铵-三乙醇胺。这些系统皆为氧化还原体系,称为化学聚合。其中过硫酸铵作为催化剂,TEMED、DMPN 和三乙醇胺作为加速剂。当向 Acr、Bis 和TEMED 的水溶液中加入过硫酸铵时,过硫酸铵立刻产生自由基,单体 Acr 与自由基作用即"活化",活化的单体彼此连接形成多聚体长链。

(2) 光聚合法:光敏物质核黄素代替过硫酸铵作为催化剂。核黄素经强光照射后产生自由基,后者使 Acr 活化并聚合成凝胶。TEMED 并非必需,但加入它可加速聚合。

3. 凝胶孔径的调节

凝胶孔径、机械性能(弹性)、透明度等在很大程度上取决于 Acr 和 Bis 二者的总浓度。总浓度越大,孔径越小,机械强度越大。在聚合前调节单体的浓度可控制凝胶孔径的大小,有利于针对样品分子大小提高分辨率。为此可以根据分离样品分子大小配制不同孔径的凝胶。一般大孔胶易碎,小孔胶难以取出。另外要选择适宜的缓冲液。缓冲液的作用:①用来维持容器内和凝胶外的 pH 恒定;②作为在电场中传导电流的电解质。要使缓冲液很好地完成这些作用,须注意三个条件:①缓冲液不能与被分离的物质相互作用;②缓冲液 pH 不能使蛋白质变性,分离蛋白质的 pH 限度通常是 4.5～9.0;③适宜的缓冲液离子强度。

4. 分离蛋白的基本原理

聚丙烯酰胺凝胶电泳根据其有无浓缩效应,分为连续系统与不连续系统两大类。前者电泳体系中缓冲液 pH 及凝胶浓度相同,带电颗粒在电场作用下,主要靠电荷及分子筛效应进行移动;后者由于电位梯度的不连续性,带电颗粒在电场中泳动不仅有电荷效应、分子筛效应,还有浓缩效应,因此具有很高的分辨率。

不连续体系由电极缓冲液、样品胶、浓缩胶及分离胶所组成,它们在直立的玻璃管(或 2 层玻璃板)中排列顺序依次为上层样品胶、中间浓缩胶、下层分离胶。样品胶是由核黄素催化聚合而成的大孔胶,其作用是防止对流,促使样品浓缩以免被电极缓冲液稀释。目前,一般不用样品胶,直接在样品液中加入等体积 40% 的蔗糖,同样具有防止对流及样品被稀释的作用。浓缩胶的作用是使样品进入分离胶前,被浓缩成细条状,从而提高分离效果。分离胶是由过硫酸铵催化聚合而成的小孔胶,主要起分子筛作用。在此电泳体系中,有 2 种孔径的凝胶、2 种缓冲液体系、3 种 pH,因而形成了凝胶孔径、pH、缓冲液离子成分的不连续性,这是样品浓缩的主要因素。PAGE 具有较高的分辨率,就是因为在电泳体系中集样品浓缩效应、分子筛效应及电荷效应于一体。下面分别说明这 3 种物理效应的原理。

(1) 样品的浓缩效应

不连续电泳一般含有 2 种性质不完全一样的凝胶,其组成如表 2-1 所示。

表 2-1　浓缩胶和分离胶的特点比较

凝胶种类	缓冲液 pH	凝胶浓度/%	凝胶孔径
浓缩胶	6.7	3	大(大孔凝胶)
分离胶	8.9	7.5	小(小孔凝胶)

① 凝胶孔径的不连续性：在上述 2 层凝胶中，浓缩胶为大孔胶，分离胶为小孔胶。在电场作用下，蛋白质颗粒在大孔胶中泳动遇到的阻力小，移动速度快；当进入小孔胶时，蛋白质颗粒泳动受到的阻力大，移动速度减慢。因而在两层凝胶交界处，凝胶孔径的不连续性使样品迁移受阻而压缩成很窄的区带。

② 缓冲体系离子成分及 pH 的不连续性：该系统的电极缓冲液由 pH 8.3 的 Tris-甘氨酸缓冲液制成，浓缩胶由 pH 6.7 的 Tris-HCl 缓冲液制成。电泳时，HCl 在任何 pH 溶液中均易解离出 Cl^-，它在电场中迁移速度快，走在最前面，被称为前导离子或快离子。在电极缓冲液中，除有 Tris 外，还有甘氨酸，它在 pH 8.3 的电极缓冲液中易解离出 $NH_2CH_2COO^-$，而在 pH 6.7 的凝胶缓冲体系中解离度最小，在电场中的迁移率很慢，称为尾随离子或慢离子。血清中，大多数蛋白质 pI 在 5.0 左右，在 pH 6.7 或 8.3 时均带负电荷，在电场中都向正极移动，其有效迁移率介于快离子和慢离子之间，于是蛋白质就在快、慢离子形成的界面处被浓缩为极窄的区带。当进入 pH 8.9 的分离胶时，甘氨酸解离度增加，其有效迁移率超过蛋白质，因此，Cl^- 及 $NH_2CH_2COO^-$ 沿着离子界面继续前进。蛋白质分子由于相对分子质量大，被留在后面，然后再分成多个区带。电泳开始时，在电流作用下，浓缩胶中的 Cl^-（快离子）有效泳动率超过蛋白质的有效泳动率，很快泳动到最前面，蛋白质紧随于其后，而 $NH_2CH_2COO^-$ 在最后面。快离子向前移动，而在快离子原来停留的那部分区域则形成了低离子浓度区，即低导区，电势梯度增大。因此，低导电压区就有较高的电势梯度，这种高电势又迫使蛋白质离子与慢离子在此区域加速前进，追赶快离子。夹在快、慢离子间的蛋白质样品就在这个追赶过程中被逐渐地压缩聚集成一条狭窄的起始区带。

（2）分子筛效应

相对分子质量或分子大小和形状不同的蛋白质通过一定孔径分离胶时，受阻滞的程度不同而表现出不同的迁移率，此即分子筛效应。颗粒小、形状为球形的样品分子通过凝胶孔时受到的阻力小，移动较快；反之，颗粒大、形状不规则的样品分子通过凝胶的阻力较大，移动慢。

（3）电荷效应

当样品进入分离胶后，由于每种蛋白质所带的电荷多少不同，因而迁移率也不同。电荷多、分子小的泳动速度快，反之则慢。于是，各种蛋白质在凝胶中得以分离，并以一定的顺序排列。

（四）等电聚焦电泳

等电聚焦电泳是利用具有 pH 梯度的电泳介质来分离等电点(pI)不同的蛋白质的电泳技术。其基本原理是在制备聚丙烯酰胺凝胶时，在胶的混合液中加入载体两性电解质（商品名 Ampholine）。这种载体两性电解质是一系列含有不同比例氨基及羧基的混合物，其相对分子质量为 300～1 000，它们在 pH 2.5 至 11.0 之间具有依次递变但相距很近的等电点，并且在水溶液中能够充分溶解。含有载体两性电解质的凝胶，当通以直流电时，载体两性电解质即形成一个从正极到负极连续增加的 pH 梯度。如果把蛋白质加入此体系中进行电泳时，不同的蛋白质即移动并聚焦于相当其等电点的位置。好的载体两性电解质应具有以下特点：在等电点处有足够的缓冲能力，不易被样品等改变其 pH 梯度；必须有均匀的足够高的电导，以便使一定的电流通过；相对分子质量不宜太大，便于快速形成梯度并从被分离的高分子物质中除去;不与被分离物质发生化学反应或使之变性等。Ampholine 是一种常用的载体两性电解质。要取得满意的等电聚焦电泳分离结果,除有好的载体两性电解质外,还应有抗对流的措施,使已分离的蛋白质区带不致发生再混合。要消除这种现象,办法之一就是加入抗对流介质,用得最多的抗对流支持介质是聚丙烯酰胺凝胶。

与其他区带电泳相比,等电聚焦电泳具有更高的分辨率,等电点仅差 0.01 pH 的物质即可分开;它具有更好的浓缩效应,也可分离很稀的样品,并且可直接测出蛋白质的等电点,所以此技术在高分子物质的分离、提纯和鉴定中的应用日益广泛。但是等电聚焦电泳技术要求有稳定的 pH 梯度和使用无盐溶液,而在无盐溶液中,蛋白质易发生沉淀。

五、 电泳技术的应用领域

因电泳技术的独特作用,它已成为生命科学研究中不可缺少的分析手段,被广泛应用于基础理论、农业科学、医药卫生、工业生产、国防科研、法医学和商检等众多研究领域。

(一)农业

电泳技术在农业领域用途非常广泛,如用于杂种优势的预测、杂种后代的鉴定、不同品种的区别、亲缘关系的分析、雄性不育系的鉴定、遗传基因的定位、植物抗性研究等许多方面。电泳技术具有速度快、准确可靠、成本低、操作简便等优点。

(二)医学

在医院临床检验中,利用电泳技术分析血清中的酶及同工酶,可以诊断肾病综合征、心绞痛、肝硬化、肝癌、多发性骨髓瘤、恶性肿瘤、乙型肝炎、慢性肝炎等疾病;分析血红蛋白成分,可以判定血细胞正常与否;测定体液中可能存在的微生物、原虫的特异性抗原成分,在抗原成分分离的基础上,寻找所需的单克隆抗体等。

(三)刑事侦察

在公安刑事侦察工作中,利用电泳技术检测的结果,对确定案件性质、提供侦察线索和犯罪证据等常常起着十分重要的作用。如利用电泳技术可以从人的体液和其他组织样品中分离出代表其独特基因组成的一系列谱带,从而能比较准确地鉴别罪犯。

(四)工业

电泳技术在工业上有许多应用。例如,在陶瓷生产中,借助电泳技术来除去黏土中所混杂的氧化铁杂质。如将这种黏土放在水中,加以搅拌,然后通电。由于黏土微粒带负电荷而向正极移动,氧化铁微粒带正电荷而向负极移动。因此,在正极附近就可收集到纯净的黏土。

另外,电泳技术还广泛应用于食品检测、环境保护等方面,与人们的生活息息相关。

第4节 层析技术

层析技术是近代生物化学常用的分离技术之一。它利用混合物中各组分的理化性质(吸附力、分子形状和大小、分子亲和力、分子极性、分配系数等)的差异,待分离物质在经过两相时不断地进行交换、分配等过程,最终达到分离的目的。任何层析技术都含有固定相和流动相两相。固定相固定不动,流动相对固定相做相对运动,从而推动样品中各组分通过固定相向前移动。由于混合物中各组分的理化性质不同,对流动相和固定相具有不同的作用力,在流动相推动样品通过固定相的过程中,通过不断的吸附—解吸—吸附—解吸作用,造成混合物中各组分进行距离不等的迁移,从而达到分离的目的。层析技术的分类方法有多种。根据两组分所处的物理状态可分为气相层析和液相层析。气相层析是指流动相为气体,固定相可以是液体(气液层析),也可以是固体(气固层析);液相层析是指流动相为液体,固定相可以是液体(液液层析),也可以是固体(液固层析)。根据层析的方式可分为纸层析、薄层层析和柱层析。纸层析是指以滤纸作固定相进行的层析;薄层层析是将固定相研成粉末,再压成薄膜或薄板,类似于纸层析;柱层析是将固定相装于柱内的层析。根据层析的原理可分为吸附层析、分配层析、离子交换层析、凝胶层析和亲和层析。下面根据层析的原理,依次介绍这些层析技术。

一、吸附层析

(一)基本原理

任何两相都可以形成表面,其中一相的物质或溶解在其中的溶质在另一相表面上密集的现象,称为吸附。其中能够将其他物质聚集到自身表面上的物质被称为吸附剂;聚集于吸附剂表面的物质被称为吸附物。当混合物随流动相流经由吸附剂组成的固定相时,由于吸附剂对不同的物质具有不同的吸附力,从而使不同组分的移动速度也不相同,最终达到分离的目的。由于吸附过程是可逆的,被吸附物在一定条件下可以解析出来。假如混合物中含 A、B 两种物质,在洗脱过程中,随着流动相流经固定相,它们会连续不断地分别产生解吸—吸附—解吸—吸附的现象。由于洗脱液和吸附剂对 A、B 的解吸(溶解)与吸附力不同,A 和 B 的移动速度也就不同。溶解度大而吸附力小的物质移动在前面;溶解度小而吸附力大的物质移动在后面。经过一段时间以后,A、B 两种物质就会分开。

(二)常用吸附剂的类型及特性

层析用的吸附剂应该满足如下要求:在层析过程中不溶解;对洗脱液及被分离物质呈化学惰性;吸附能力强,同时有吸附可逆性。常用的吸附剂呈多孔结构。粒子大小、形状以及孔的结构是影响层析的基本因素。下面简要介绍几种常用吸附剂。

1. 硅胶

硅胶略带酸性,适用于中性和酸性物质的分离,如氨基酸、糖、脂类等,其优点是化学惰性强、吸附量大、制备容易。

2. 氧化铝

氧化铝略带碱性,适用于中性及碱性物质的分离,如生物碱、类固醇、维生素、氨基酸等,其优点是吸附量大、价格低廉、分离效果好。

3. 活性炭

活性炭大多以木屑为原料,根据其粗细程度可分为三种。粉末活性炭:颗粒极细,呈粉末状,吸附量及吸附力大;颗粒活性炭:颗粒较大,比表面积及吸附力都比粉末活性炭小;锦纶活性炭:以锦纶为黏合剂,将粉末活性炭制成颗粒,比表面积介于粉末活性炭和颗粒活性炭之间，吸附能力较两者弱。

二、 分配层析

（一）基本原理

分配层析是利用混合物中各组分在两种不同溶剂中的分配系数不同而使物质得到分离的方法，即一种溶质在两种互不相溶的溶剂中的溶解达到平衡时，该溶质在两种溶剂中所具有的浓度之比。不同的物质因其在各种溶剂中的溶解度不同，因而具有不同的分配系数。在一定温度下，分配系数可用下式表示：

$$K_d = c_2/c_1$$

式中：K_d 为分配系数；c_2 是物质在固定相中的浓度；c_1 是物质在流动相中的浓度。分配系数与温度、溶质及溶剂的性质有关。

在分配层析中，大多选用多孔物质作为支持物，利用它对极性溶剂的亲和力，吸附某种极性溶剂作为固定相；用另一种非极性溶剂作为流动相。如果把待分离的混合物样品点在多孔支持物上，在层析过程中，非极性溶剂沿支持物流经样品点时，样品中的各种混合物便会按分配系数大小向前移动。当遇到前方的固定相时，溶于流动相的物质又将与固定相进行重新分配，一部分转入固定相中。因此，随着流动相的不断向前移动，样品中的物质便在流动相和固定相之间进行连续、动态的分配。这种情形相当于非极性溶剂从极性溶剂中对物质的连续抽提过程。由于各种物质的分配系数不同，分配系数较大的物质留在固定相中较多，在流动相中较少，层析过程中向前移动较慢；相反，分配系数较小的物质进入流动相中较多而留在固定相中较少，层析过程中向前移动就较快。根据这一原理，样品中的各种物质就能分离开来。分配层析中应用最广泛的多孔支持物是滤纸，称为纸上分配层析。其次是硅胶、硅藻土、纤维素粉、微孔聚乙烯粉等。

（二）纸上分配层析

纸上分配层析(纸层析)设备简单、价格低廉，常用于氨基酸、肽类、核苷酸、糖、维生素、有机酸等多种小分子物质的分离、定性和定量。纸层析是以滤纸作为惰性支持物。滤纸纤维与水有较强的亲和力，能吸收 22% 左右的水，且其中 6%～7% 的水是以氢键形式与纤维素的羟基相结合，在一般条件下较难脱去。而滤纸纤维与有机溶剂的亲和力很小，所以纸层析是以滤纸的结合水为固定相，以有机溶剂为流动相。当流动相沿纸经过样品点时，样品点上的溶质在水和有机溶剂之间不断地进行分配，一部分样品随流动相向前移动、分配，其中的一部分溶质由流动相又进入水相(固定相)。随着流动相的不断流动，各种不同组分按其各自的分配系数，不断地在流动相和固定相之间进行分配，并沿着流动相向前移动，从而使各种物质得到分离和提纯。

三、 离子交换层析

离子交换层析广泛应用于微生物发酵、医药、化工和水质处理等方面，分离的对象多为小分子物质。

（一）基本原理

离子交换层析是利用离子交换剂对各种离子的亲和力不同,借以分离混合物中各种离子的一种层析技术。离子交换层析的固定相是载有大量电荷的离子交换剂；流动相是具有一定 pH 和一定离子强度的电解质溶液。当混合物溶液中带有与离子交换剂相反电荷的溶质流经离子交换剂时,后者即对不同溶质进行选择性吸附。随后,用带有与溶质相同电荷的洗脱液进行洗脱,被吸附的溶质可被置换而洗脱下来,从而达到分离混合物中各种带电荷溶质的目的。离子交换剂按其所带电荷的性质分为阴离子交换剂和阳离子交换剂两类。阴离子交换剂本身带有正电荷,可以吸引并结合混合物中带负电荷的物质；阳离子交换剂本身带有负电荷,可以吸引并结合混合物中带正电荷的物质。

（二）离子交换剂的类型

常用的离子交换剂有离子交换树脂、离子交换纤维素、离子交换葡聚糖或离子交换琼脂糖凝胶等。

1. 离子交换树脂

离子交换树脂是以苯乙烯作为单体,苯二乙烯作为交联剂,进行聚合和交联反应生成的三维网状高聚物。其上再引入所需要的酸性基团或碱性基团。带酸性基团的属阳离子交换树脂；带碱性基团的属阴离子交换树脂。

2. 离子交换纤维素

离子交换纤维素对蛋白质和核酸的纯化极为有用,因这些生物大分子不能渗入交联的结构中,因此不能在一般的树脂上被分离。而纤维素之所以具有分离、纯化高分子化合物的能力,是因它具有松散的亲水性网状结构,有较大的表面积,大分子可以自由通过。因此对生物大分子而言,纤维素的交换能力比离子交换树脂要大,同时纤维素来源于生物材料,洗脱条件温和,回收率高。常用的离子交换纤维素有两种：一种是二乙基氨基纤维素,即 DEAE-纤维素,属阴离子交换剂；另一种是羧甲基纤维素,即 CM-纤维素,属阳离子交换剂。

3. 离子交换葡聚糖或离子交换琼脂糖凝胶

这是将离子交换基团连结于交联葡聚糖或琼脂糖上而制成的各种交换剂。交联葡聚糖和琼脂糖具有三维网状结构,因此这种交换剂既有离子交换作用,又有分子筛效应。

四、 凝胶层析

凝胶层析又称凝胶过滤、凝胶色谱、分子筛层析、分子排阻层析等。它是 20 世纪 60 年代发展起来的一种快速简便的分离方法。目前已在生物化学、分子生物学、生物工程学及医药学等有关领域中得到广泛应用。

（一）基本原理

凝胶层析是指混合物随流动相流经固定相的层析柱时,混合物中各组分按其分子大小不同而被分离的技术。固定相是凝胶。凝胶是一种不带电荷的具有三维空间的多孔网状结构,凝胶的每个颗粒内部都有很多细微的小孔,如同筛子一样,小的分子可以进入凝胶网孔,而大的分子则被阻于凝胶颗粒之外,因而具有分子筛的性质。当混合物样品进入凝胶层析柱中时,样品将随洗脱液的流动而移动。这时的样品一般做两种运动:一是随洗脱液垂直向下移动;二是做不定向扩散运动。相对分子质量小的物质,在不定向扩散中可以进孔内部,然后再扩散出来,故流程长,通过柱子的速度慢,后流出层析柱;相对分子质量大的物质,由于不能进入凝胶孔内部,只能在凝胶颗粒之间移动,故流程短,先流出层析柱。这样,相对分子质量大小不同的物质就会因此得到分离。

(二) 常用凝胶的种类及特性

常用的凝胶主要有琼脂糖凝胶、交联葡聚糖凝胶、聚丙烯酰胺凝胶、琼脂糖-葡聚糖复合凝胶等。

1. 琼脂糖凝胶

琼脂糖凝胶是从琼脂中分离出来的天然凝胶,由 D-半乳糖和 $3,6$-脱水-L-半乳糖交替结合而成。其商品名因生产厂家不同而异,如 Sepharose(瑞典)、Sagavac(英国)、Bil-Gel(美国),每一品名又有不同的型号。琼脂糖凝胶的优点是凝胶不带电荷,吸附能力非常小。主要用于分离大分子物质,如核酸、病毒等。

2. 交联葡聚糖凝胶

其基本骨架是葡聚糖。瑞典出品的商品名为 Sephadex,国产的商品名为 Dextran。不同型号的凝胶用"G"表示,从 G-10~G-200。"G"后面的数字表示每 10g 干胶的吸水量,"G"值越大,表示凝胶的网孔越大。可根据待分离混合物相对分子质量的大小,选用不同"G"值的凝胶。

3. 聚丙烯酰胺凝胶

聚丙烯酰胺凝胶由单体丙烯酰胺先合成线性聚合物,再与交联剂交联而成。以"P"表示,如 P-2~P-300。"P"后的数字×1 000 表示相对分子质量的排阻极限。

4. 琼脂糖-葡聚糖复合凝胶

其商品名为 Superdex,是把葡聚糖凝胶通过交联剂交联到琼脂糖上,因此具有二者的优点。

(三) 影响凝胶柱层析的主要因素

1. 层析柱的选择与装填

层析柱的大小应根据分离样品量的多少以及对分辨率的要求而定。凝胶柱填装后用肉眼观察应均匀、无纹路、无气泡。

2. 洗脱液的选择

洗脱液的选择主要取决于待分离样品,一般来说只要能溶解被洗脱物质并不使其变性的缓冲液都可用于凝胶层析。为了防止凝胶可能有吸附作用,一般洗脱液都含有一定浓度的盐。

3. 加样量

加样量的多少应根据具体的实验而定,一般分级分离时加样量为凝胶柱床体积的 1%~5%,而分组分离时加样量为凝胶柱床体积的 10%~25%。

4. 凝胶的再生

在凝胶或层析床表面常有一些污染,必须进行适当处理。葡聚糖凝胶柱可用适当浓度的 NaOH 和 NaCl 的混合液处理,聚丙烯酰胺凝胶和琼脂糖凝胶遇酸、碱不稳定,故常用盐溶液处理。

五、 亲和层析

　　生物体内有许多高分子化合物,具有和某些对应的专一分子可逆结合的特性。如酶蛋白和辅酶、抗原和抗体、激素与其受体等都具有这种特性。这种生物大分子和配基之间形成专一性可解离的络合物的能力称为亲和力。亲和层析的基本过程是把需分离的亲和分子作为配基,在不影响其生物功能的情况下,与不溶性载体结合使其固定化,然后装入层析柱。把含有需分离物质的混合液作为流动相,在有利于固定相的配基和欲分离物质之间形成络合物的条件下进入亲和层析柱。这时,混合物中只有能与配基形成络合物的物质才被层析柱吸附,不能形成络合物的杂质从柱中直接流出。然后改变流过层析柱的溶液,促使配基与亲和物质解离,从而释放出亲和物质。亲和层析的优点是条件温和、操作简单、专一性强、效率高,尤其是分离含量少而又不稳定的活性物质时最为有效。亲和层析的不足之处是,不是所有的生物高分子都有特定配基,所以使用范围较窄,针对分离的对象必须制备专一的配基和选择特定的层析条件。

第 3 章　蛋白质实验

实验 1　蛋白质含量的测定

蛋白质种类繁多,结构各不相同,因此蛋白质含量测定没有特定的方法,目前常用的有凯氏定氮法(Kjeldahl determination)、紫外吸收法、双缩脲法(Biuret 法)、Folin-酚法(Lowry 法)和考马斯亮蓝法(Bradford 法)以及 BCA 法(bicinchoninic acid method,BCA method)等。每种测定法各有优缺点(表 3-1),并不能在任何条件下适用于任何形式的蛋白质,所以在选择方法时应考虑多种因素,如实验所要求的灵敏度和精确度,蛋白质的性质,溶液中是否存在干扰物质,测定所要花费的时间等。

表 3-1　蛋白质含量测定的不同方法比较

方　法	灵敏度高低及适用范围	测定时间/min	最大吸收波长/nm	优缺点
凯氏定氮法	低 (0.2～1.0mg)	480～600		干扰少,但操作复杂,费时太长,用于蛋白质含量的准确测定
紫外吸收法	高 (50～100mg)	5～10	280	简便、灵敏、快速,但此法准确度较差,若样品中含有嘌呤、嘧啶等物质,会出现较大的干扰,适用于与标准蛋白质氨基酸组成相似的蛋白质的测定
双缩脲法 (Biuret 法)	低 (1～20mg)	20～30	540	快速、干扰物质少,但灵敏度低,常用于快速但不需十分精确的蛋白质含量测定
Folin-酚法 (Lowry 法)	高 (20～250mg)	40～60	650	操作简单,不需要特殊设备,灵敏度高,但耗时长,操作要严格计时,受酚类、柠檬酸等多种试剂干扰
考马斯亮蓝法 (Bradford 法)	高 (0～5mg)	5～15	595	操作简单,灵敏度高,反应时间短,抗干扰性强,适合与标准蛋白质氨基酸组成相近的蛋白质的测定
BCA 法	高 (20～2 000μg)	45	562	快速、低廉,可大大节约样品和试剂用量,不受样品中去污剂的影响,但蔗糖、尿素、NH_4^+ 和 EDTA 影响测定结果

【实验目的】

(1) 掌握测定蛋白质含量的基本方法。

(2) 理解凯氏定氮法、紫外吸收法、双缩脲法(Biuret 法)、Folin-酚法(Lowry 法)和考马斯亮蓝法(Bradford 法)以及 BCA 法的测定原理。

一、 凯氏定氮法

【实验原理】

蛋白质的含氮量比较恒定,约为 16%。在催化剂 $CuSO_4$ 和 K_2SO_4(提高溶液的沸点)作用下,样品与硫酸一同加热消化,蛋白质分解释放出的 NH_3 与硫酸结合生成硫酸铵。

$$2NH_2(CH_2)_2COOH + 13H_2SO_4 = (NH_4)_2SO_4 + 6CO_2 + 12SO_2 + 16H_2O$$

然后加碱蒸馏:在消化瓶中,氢氧化钠与硫酸铵生成氢氧化铵,加热后又分解为 NH_3 从溶液中释放出来,用硼酸吸收。

$$(NH_4)_2SO_4 + 2NaOH = 2NH_3 + 2H_2O + Na_2SO_4$$

$$2NH_3 + 4H_3BO_3 = (NH_4)_2B_4O_7 + 5H_2O$$

最后用标准盐酸或硫酸溶液滴定,根据酸的消耗量计算出氮的含量,再乘以换算系数(含氮量 $\times 6.25 =$ 蛋白质含量),即可求出蛋白质含量。

$$(NH_4)_2B_4O_7 + H_2SO_4 + 5H_2O = (NH_4)_2SO_4 + 4H_3BO_3$$

$$(NH_4)_2B_4O_7 + 2HCl + 5H_2O = 2NH_4Cl + 4H_3BO_3$$

【试剂与器材】

1. 试剂

(1) 盐酸:0.02mol/L 和 0.05mol/L 标准溶液(邻苯二甲酸氢钾法标定)。

(2) 混合消化液:$30\% H_2O_2$、H_2SO_4、H_2O 的比例依次为 $3:2:1$,即在 100mL 蒸馏水中慢慢加入 200mL 浓 H_2SO_4,待冷却后,再加入 $30\% H_2O_2$ 300mL,混匀,临用时配制。

(3) 混合催化剂:将 $10g CuSO_4 \cdot 5H_2O$ 和 $100g K_2SO_4$ 在研钵中研磨,混匀,过 40 目筛。

(4) 质量浓度为 $40\% NaOH$。

(5) 质量浓度为 $2\% H_3BO_3$。

(6) 混合指标剂:1 份 0.1% 甲基红乙醇溶液与 5 份 0.1% 溴甲酚绿乙醇溶液混合,临用时配制;或 2 份 0.1% 甲基红乙醇溶液和 1 份 0.1% 次甲基蓝乙醇溶液混合,临用时配制。

(7) 硼酸指示剂混合液:取 20mL 2% 的 H_3BO_3 溶液,滴加 $2\sim3$ 滴混合指示剂,摇匀后溶液呈紫色即可。

2. 器材

分析天平、消化炉、消化管、具塞三角瓶、电炉、漏斗、自动凯氏定氮仪或凯氏定氮蒸馏装置(图 3-1)、吸管、酸氏滴定管、玻璃珠等。

【操作步骤】

1. 样品的处理

取经过研磨的一定量样品放入恒重的称量瓶中,置于 105℃ 的烘箱中干燥 4h,用坩埚钳

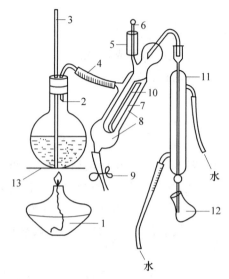

1—热源；2—烧瓶；3—玻璃管；4—橡皮管；5—玻璃杯；6—棒状玻璃塞；7—反应室；8—反应室外壳；
9—夹子；10—反应室中插管；11—冷凝管；12—锥形瓶；13—石棉网

图 3-1   凯氏定氮蒸馏装置

将称量瓶取出，放入干燥器内，待降至室温后称重，随后继续干燥样品至恒重。

2. 消化

取 5 支消化管并编号，在 1、2、3 号管中各精确加入 0.2～2.0g 固体干燥样品（注意：加样时应直接送入管底，避免沾到管口和管颈处），加入混合催化剂 5g，混合消化液 20mL，在 4、5 号管中各加入相同量的催化剂和混合消化液作为对照。摇匀后，将 5 支消化管放入消化炉内消化。

首先小火加热，使内容物全部炭化。当泡沫完全消失后，加强火力，保持瓶内液体微沸。消化 1～3h，至液体呈蓝绿色澄清透明后，再继续加热 0.5h。消化完毕，取出消化管冷却至室温。将消化液移入 100mL 容量瓶中，用少量蒸馏水冲洗并移入容量瓶中，再加水定容至刻度，混匀备用。

3. 安装凯氏定氮装置

定氮装置由蒸汽发生器、反应室、冷凝管三部分组成，按图 3-1 装好，认真检查整个装置是否漏气，保证所测结果的准确性。安装完毕后，于蒸汽发生器内装水至 2/3 处，加入甲基红指示剂数滴及数毫升硫酸，以保持水呈酸性，加入数粒玻璃珠以防暴沸，加热煮沸蒸汽发生器内的水。

4. 样品及空白的蒸馏

取 5 个 100mL 具塞三角瓶，分别加入 2% 硼酸 10mL，混合指示剂 2 滴，溶液呈紫红色，备用。

打开样品杯的棒状玻璃塞，取 10mL 样品消化液流入反应室，用 10mL 蒸馏水冲洗样品杯后，蒸馏水也流入反应室，盖上玻璃塞，并在样品杯中加约 2/3 体积的蒸馏水进行水封以防漏气。然后把装有硼酸和指示剂的锥形瓶放在冷凝管口下方，将 10mL 40% 的氢氧化钠溶液倒入小玻璃杯，提起玻璃塞使其流入反应室，立即上提锥形瓶，使冷凝管下口浸没在三角瓶的液面下。蒸馏待反应液沸腾后,锥形瓶中的硼酸和指示剂混合液由紫红色变为绿色,自变色时开始计时,蒸馏 3~5min。移动接收瓶,使冷凝管下端离开液面,再蒸馏 1min,然后用少量水冲洗冷凝管下端外部。取下接收瓶,以已标定的硫酸或盐酸标准溶液滴定至灰色或蓝紫色为终点。排出废液及洗涤后,可进行下一个样品的蒸馏。待样品和空白消化液蒸馏完毕后,同时进行滴定。

5. 计算

$$X = \left\{ \left[(V_1 - V_2) \times c \times \frac{0.014}{m} \right] \times \frac{100}{10} \right\} \times F \times 100\%$$

式中：X 为样品中蛋白质的百分含量；

　　　V_1 为样品消耗硫酸或盐酸标准液的体积(mL)；

　　　V_2 为试剂空白消耗硫酸或盐酸标准溶液的体积(mL)；

　　　c 为硫酸或盐酸标准溶液的摩尔浓度(mol/L)；

　　　0.014 为 1mL 0.5mol/L 硫酸或 1mol/L 盐酸标准溶液相当于氮的克数；

　　　m 为样品的质量(g)；

　　　F 为氮换算为蛋白质的系数。蛋白质中的氮含量一般为 15%~17.6%,按 16% 计算,乘以 6.25 即为蛋白质含量,乳制品为 6.38,面粉为 5.70,玉米、高粱为 6.24,花生为 5.46,米为 5.95,大豆及其制品为 5.71,肉与肉制品为 6.25,大麦、小米、燕麦、裸麦为 5.83,芝麻、向日葵为 5.30。

【注意事项】

(1) 实验前必须仔细检查蒸馏装置的各个连接处,保证不漏气。所用橡皮管、塞子须浸在氢氧化钠(10%)中,煮沸 10min,然后水洗、水煮,再用水洗。

(2) 小心加样,切勿使样品沾在凯氏烧瓶口部和颈部。

(3) 样品消化时,不能让黑色物质上升到消化管的颈部。万一黏附,可用少量水冲下,以免被检样品消化不完全,使结果偏低。

(4) 在整个消化过程中,要保持和缓的沸腾,不能用强火,以免蛋白质附在壁上,使氮有损失。

(5) 氨是否完全蒸馏出来,可用 pH 试纸测试馏出液是否为碱性。

【思考题】

(1) 凯氏定氮法测定蛋白质含量的理论依据是什么?

(2) 进行凯氏定氮法操作时,应如何保证测定结果的准确性?

二、 紫外吸收法

【实验原理】

蛋白质分子中酪氨酸、苯丙氨酸和色氨酸残基的苯环中含有共轭双键,使蛋白质具有吸收紫外光的特性,通过测定蛋白质在 280nm 的吸光度值可以计算出蛋白质的含量。

【试剂与器材】

1. 试剂

(1) 蛋白质标准液(1mg/mL)：精确称取 0.1000g 牛血清白蛋白,用蒸馏水溶解后定容至 100mL。

(2) 待测样品：未知浓度的蛋白溶液，浓度在 1.0～2.5mg/mL 范围内。

2. 器材

紫外分光光度计、天平、容量瓶、刻度吸管等。

【操作步骤】

1. 标准曲线的绘制

取 8 支试管，按表 3-2 编号并加入试剂。

表 3-2　紫外吸收法测定蛋白质含量加样表　　　　　　　　单位：mL

管　号	0	1	2	3	4	5	6	7
蛋白质标准液	0	0.5	1.0	1.5	2.0	2.5	3.0	4.0
蒸馏水	4.0	3.5	3.0	2.5	2.0	1.5	1.0	0

混匀后比色，以 0 号管做空白调零，280nm 处测定各管溶液的吸光度。以蛋白质溶液浓度为横坐标，吸光度值为纵坐标，绘制出蛋白质标准曲线。

2. 蛋白质样品溶液浓度的测定

取 1.0mL 未知浓度的蛋白质溶液，加入 3.0mL 蒸馏水中，混匀后在 280nm 处测定吸光度值，在标准曲线上求出蛋白质的浓度。

【注意事项】

(1) 蛋白质的最大吸收峰可因 pH 的改变而发生变化，因此要注意溶液的 pH，待测蛋白质溶液的 pH 要与标准蛋白质溶液一致。

(2) 测定液必须澄清，以免造成结果误差。

(3) 测定前将比色皿用 95% 乙醇泡洗，再用蒸馏水冲洗干净。

【思考题】

(1) 紫外吸收法测定蛋白质含量的理论依据是什么？

(2) 如何减少物质的干扰，提高紫外吸收法测定的准确性？

三、双缩脲法（Biuret 法）

【实验原理】

在碱性溶液中，双缩脲（$H_2N—CO—NH—CO—NH_2$）与 Cu^{2+} 形成紫红色的络合物，该反应称为双缩脲反应。蛋白质分子含有众多肽键（—CO—NH—），也可发生双缩脲反应，且呈色强度在一定浓度范围内与蛋白质含量成正比，可用比色法测定蛋白质含量。

【试剂与器材】

1. 试剂

(1) 双缩脲试剂：取 $CuSO_4 \cdot 5H_2O$ 1.5g 和 $NaKC_4H_4O_6 \cdot 4H_2O$（酒石酸钾钠）6.0g，用蒸馏水溶解，再分别加入 2.5mol/L NaOH 溶液 300mL 和 KI 1.0g，然后加水至 1 000mL。棕色瓶中避光保存。长期放置后若有暗红色沉淀出现，即不能使用。

(2) 标准蛋白质溶液(10g/L)：精确称取 1.000g 牛血清白蛋白，用蒸馏水溶解后定容至 100mL。

(3) 待测样品：未知浓度的蛋白溶液，浓度在 1～10mg/mL 范围内。

2. 器材

天平、容量瓶、试管、移液管、分光光度计等。

【操作步骤】

取试管 7 支,按表 3-3 编号并加入试剂。

表 3-3　双缩脲法测定蛋白质含量加样表　　　　　　　　　　单位:mL

管　　号	空白管	1	2	3	4	5	测定管
蛋白标准液	—	0.1	0.2	0.3	0.4	0.5	—
生理盐水	0.5	0.4	0.3	0.2	0.1	—	0.4
待测样品	—	—	—	—	—	—	0.1
双缩脲试剂	3.0	3.0	3.0	3.0	3.0	3.0	3.0

混匀,37℃水浴 20min,冷却至室温,用空白管调零,在 540nm 处读取各管吸光度值。以吸光度为纵坐标,以蛋白质浓度为横坐标绘制标准曲线。根据测定管的吸光度,在标准曲线上求得蛋白质浓度。

【注意事项】

(1) 双缩脲试剂中,加入的酒石酸钾钠与 $CuSO_4 \cdot 5H_2O$ 之比应不低于 3:1,加入 KI 作为抗氧化试剂。

(2) 双缩脲试剂要封闭贮存,防止吸收空气中的二氧化碳。

【思考题】

双缩脲法测定蛋白质的原理是什么? 它有何优缺点?

四、 Folin-酚法（Lowry 法）

【实验原理】

在碱性条件下,蛋白质分子中的肽键与碱性硫酸铜发生双缩脲反应生成紫红色的 Cu^{2+}-蛋白质络合物。此络合物还原 Folin 试剂(磷钨酸-磷钼酸混合物),生成深蓝色的化合物,其蓝色深浅与蛋白质含量在一定范围内成正比。

【试剂与器材】

1. 试剂

(1) 碱性铜试剂

试剂甲:称取无水 Na_2CO_3 2.0g,溶于 100mL 的 0.1mol/L NaOH 溶液中。

试剂乙:取 $CuSO_4 \cdot 5H_2O$ 0.5g,溶于 100mL 的 1‰酒石酸钾溶液中。临用前取试剂甲 50mL、试剂乙 1mL 进行混合,即为碱性铜试剂。此试剂最多用 1 天,故需现用现配。

(2) 标准蛋白质溶液($250\mu g/mL$)

精确称取牛血清清蛋白 25mg,用蒸馏水溶解后定容至 100mL。

(3) 酚试剂

取钨酸钠($Na_2WO_4 \cdot 2H_2O$)100g 和钼酸钠($Na_2MoO_4 \cdot 2H_2O$)25g,溶于 700mL 蒸馏水中,再加入 85%的磷酸 50mL 和浓硫酸 100mL,充分混匀,置于 1 500mL 的圆底烧瓶中,小火回流 10h,冷却后再加入硫酸锂($Li_2SO_4 \cdot 2H_2O$)150g,蒸馏水 50mL,液体溴 3～4 滴,开口继续沸腾 15min(除去过量的溴),冷却后溶液应呈黄色(如带绿色不能使用,应继续加溴煮沸),过滤,稀释至 1 000mL,置于棕色瓶中保存。使用前以酚酞为指示剂,用 0.1mol/L NaOH 溶液滴定(滴定终点由蓝变灰),求出酚试剂的摩尔浓度。用蒸馏水稀释至最后浓度为 1mol/L。试剂放置过久,变成绿色时,可再加液体溴数滴煮 15min,如能恢复原有的黄色仍可使用。

(4)待测样品

未知浓度的蛋白质溶液,一般浓度应为 25~250mg/mL。

2. 器材

分光光度计、吸管、试管、容量瓶、移液管等。

【操作步骤】

取试管 7 支,0 号管为空白管,1~5 号管为标准蛋白管,6 号管为测定管。按表 3-4 编号并加入试剂。

表 3-4　Folin-酚法测定蛋白质含量加样表　　　　　　　　　单位: mL

试剂	管　　号						
	0	1	2	3	4	5	6
标准蛋白	—	0.2	0.4	0.6	0.8	1.0	—
待测样品	—	—	—	—	—	—	1.0
蒸馏水	1.0	0.8	0.6	0.4	0.2	—	—
碱性铜试剂	5.0	5.0	5.0	5.0	5.0	5.0	5.0
	混匀,室温放置 20min						
酚试剂	0.5	0.5	0.5	0.5	0.5	0.5	0.5

混匀,室温放置 30min 后,以 0 号管调零,在波长 650nm 比色,分别读取各管吸光度值。以蛋白质含量为横坐标,以吸光度值为纵坐标,绘制标准曲线。根据测定管吸光度值,对照标准曲线,求出待测样品的蛋白质含量。

【注意事项】

(1)酚试剂在碱性条件下不稳定,当加入酚试剂后,应迅速摇匀,否则会使显色程度减弱。

(2)显色后尽快完成比色测定,30min 后可能产生雾状沉淀。

(3)本法可受很多还原性物质的干扰,如带有-SH 的化合物(糖类、酚类等),但这些物质在低浓度范围时一般不影响测定。

(4)所有器材必须清洗干净,否则会影响实验结果。

【思考题】

该法测定蛋白质含量的优点有哪些?

五、 考马斯亮蓝法(Bradford 法)

【实验原理】

染料考马斯亮蓝 G-250 在游离状态下呈红色,在酸性溶液中与蛋白质结合后变为蓝色。在 0.01~1.0mg 蛋白质范围内,考马斯亮蓝 G250-蛋白质复合物在 595nm 下的吸光度与蛋白质含量呈线性关系,颜色的深浅与蛋白质的浓度成正比。

【试剂与器材】

1. 试剂

(1)标准牛血清白蛋白溶液(0.1mg/mL):精确称取 10mg 牛血清白蛋白,用蒸馏水溶解后定容至 100mL。

（2）染料溶液：称取考马斯亮蓝 G-250 0.1g 溶于 50mL 95％的酒精中，加入 100mL 85％的浓磷酸，转移至 1 000mL 的棕色容量瓶中，蒸馏水定容。此溶液在室温下可放置 1 个月。

（3）待测样品：待测蛋白质溶液浓度为 0.1～1.0mg/mL。

2. 器材

移液管、试管、棕色容量瓶、分光光度计等。

【操作步骤】

取试管 7 支，0 号管为空白管，1～5 号管为标准蛋白管，6 号管为测定管。按表 3-5 编号并加入试剂。

表 3-5　考马斯亮蓝法测定蛋白质含量加样表　　　　　　　　　　单位：mL

试剂	管　　号						
	0	1	2	3	4	5	6
标准蛋白	—	0.2	0.4	0.6	0.8	1.0	—
待测样品	—	—	—	—	—	—	1.0
蒸馏水	1.0	0.8	0.6	0.4	0.2	—	—
染料溶液	5.0	5.0	5.0	5.0	5.0	5.0	5.0

混匀后，静置 5min。以 0 号管调零，在 595nm 波长处测定各管吸光度值。以吸光度值为纵坐标，以蛋白质浓度为横坐标，绘制标准曲线。根据测定管的吸光度值，对照标准曲线，求得样品溶液的蛋白质浓度。

【注意事项】

（1）考马斯亮蓝溶液用之前要过滤，且应现配现用，不能久置。

（2）Triton、SDS 等去污剂会干扰实验测定。

（3）比色最好在 5～20min 内进行，这段时间颜色最稳定。蛋白质与染料混合 1h 后可能发生沉淀现象。

（4）考马斯亮蓝染色能力强，不能使用石英比色皿，可用玻璃比色皿。比色皿用之前要先用 95％的乙醇泡洗，再用蒸馏水冲洗干净，使用后立即用少量 95％的乙醇荡洗，以除去染色。

【思考题】

（1）考马斯亮蓝法测定蛋白质浓度的原理是什么？

（2）比色皿在使用前为什么要置于 95％的乙醇溶液中？

（3）如何选择未知样品的用量，使它的吸光值在标准曲线范围内？

六、　BCA 法

【实验原理】

BCA（bicinchoninic acid）是一种稳定的水溶性复合物，在碱性条件下，二价铜离子可以被蛋白质还原成一价铜离子，一价铜离子可以和 BCA 相互作用，两分子的 BCA 螯合一个铜离子，形成紫色的络合物。该复合物为水溶性复合物，在 562nm 处显示强吸光性，在一定浓度范围内，吸光度与蛋白质含量呈良好的线性关系，制作标准曲线，因此可以根据待测蛋白质在 562nm 处的吸光度计算其浓度。

【试剂与器材】

1. 试剂

(1) BCA 试剂：含 A 液和 B 液。

A 液：BCA 碱性溶液（配方：1% BCA 二钠盐，0.4% NaOH，0.16% 酒石酸钠，2% Na_2CO_3，0.95% $NaHCO_3$，这些液体混合后再调 pH 至 11.25）；

B 液：4% 硫酸铜。

(2) 牛蛋白血清（BSA）。

(3) 待测的蛋白样品。

2. 器材

酶标仪、微量移液器、96 孔板、恒温箱。

【操作步骤】

(1) 配制 BCA 工作液：将 A 液和 B 液摇晃混匀，按照 A：B＝50：1 的体积比配制 BCA 工作液，充分混匀（BCA 工作液室温下 24h 内稳定，故现用现配）。

(2) 配制不同浓度的标准蛋白液（BSA）（1μg/μL、2.5μg/μL、5μg/μL、7.5μg/μL、10μg/μL），待测蛋白样品在什么溶液中，就用该溶液来稀释标准蛋白液（如待测样品溶于强 RIPA 裂解液，则用强 RIPA 裂解液来稀释标准蛋白液）。

(3) 取空白组（0μg/μL BSA）各浓度的标准蛋白液 5μL 并加入 96 孔板中，另取待测的蛋白样品 5μL，加入 96 孔板。

(4) 向各孔的蛋白液中加入 300μL 的 BCA 工作液，混匀，37℃ 放置 30min（加样时应当动作轻柔，防止产生气泡影响读数。温度和放置时间可以调整，可在 60℃ 放置 30min 或室温放置 2h）。

(5) 静置结束后，冷却至室温，用酶标仪测定 562nm 处的吸光度，并制作标准曲线。

(6) 根据待测样品的吸光度，比对标准曲线，计算蛋白质浓度。

【注意事项】

(1) 用 BCA 法测定蛋白质浓度时，吸光度可随时间的延长不断加深，且显色反应会随温度升高而加快，故如果浓度较低，适合较高温度孵育或延长时间孵育。

(2) 标准蛋白液的加量应当准确，如果加量不准确，会导致制作出来的标准曲线出现偏差，影响待测样品的浓度计算，所以一方面需要用梯度稀释的方法来配制标准蛋白液，另一方面应使用精确度高的移液器。

(3) A 液和 B 液混合可能出现浑浊，此时应振荡混匀，最后可见透明溶液。

(4) 为加快 BCA 法测定蛋白质浓度的速度，可以适当用微波炉加热，但切勿过热。

(5) 如果空白组有较高的背景，可用 Bradford 法重新测定蛋白质浓度。

实验 2　蛋白质的两性解离及等电点的测定

【实验目的】

了解蛋白质的两性解离性质；初步学会蛋白质等电点测定的方法。

【实验原理】

蛋白质是由氨基酸通过肽键连接形成的高分子化合物，虽然绝大多数氨基与羧基参与了肽键的形成,但蛋白质分子中仍存在一定数量的自由氨基与羧基,以及酚基、羟基、巯基、胍基、咪唑基等酸碱基团,因此蛋白质与氨基酸一样是两性化合物,其解离状况与环境 pH 值有关。当溶液 pH 达一定数值时,蛋白质分子正、负电荷数目相等,在电场中既不向阳极移动,也不向阴极移动,此时溶液的 pH 称为此种蛋白质的等电点。在等电点时,蛋白质的溶解度最小,溶液的混浊度最大。配制不同 pH 的缓冲液,观察蛋白质在这些缓冲液中的溶解情况即可确定蛋白质的等电点。

【试剂与器材】

1. 试剂

(1) 1mol/L 乙酸:量取浓度 99.5%、相对密度为 1.05 的乙酸 2.875mL,加水定容至 50mL。

(2) 0.1mol/L 乙酸、0.01mol/L 乙酸:用 1mol/L 乙酸稀释。

(3) 0.2mol/L 氢氧化钠:取氢氧化钠 2g,用水定容至 250mL。

(4) 0.2mol/L 盐酸:量取浓度 37.2%、相对密度 1.19 的盐酸 4.17mL,用水定容至 50mL。

(5) 0.01% 溴甲酚绿指示液:称取 0.015g 溴甲酚绿,加入 1mol/L 氢氧化钠 0.87mL,用水定容至 150mL。

(6) 0.5% 酪蛋白溶液:称取酪蛋白 0.25g,加 5mL 1mol/L 氢氧化钠液,待酪蛋白溶解后,加 5mL 1mol/L 乙酸液,加水定容至 50mL。

2. 器材

试管、刻度吸管(1mL、2mL、5mL、10mL)、皮头滴管。

【操作步骤】

1. 蛋白质的两性反应

(1) 取 1 支试管加入酪蛋白溶液 1mL,加入溴甲酚绿指示剂 4 滴,摇匀,观察此时溶液的颜色,有无沉淀,记录并说明原因。

(2) 用皮头滴管滴加 0.2mol/L 盐酸,边加边摇至有大量絮状沉淀生成,此时溶液的 pH 接近酪蛋白的等电点,观察溶液的颜色变化。

(3) 继续滴加 0.2mol/L 盐酸,沉淀会逐渐消失,观察此时溶液颜色有何变化。

(4) 滴加 0.2mol/L 氢氧化钠,观察沉淀是否又重新出现,解释其原因。继续滴加 0.2mol/L 氢氧化钠,沉淀又会消失,并观察溶液的颜色变化。

2. 蛋白质等电点的测定

取 5 支试管,按表 3-6 加入各种试剂,边加边摇,摇匀后静置 5min,观察各管的混浊度,并以 一、+、++、+++ 符号表示沉淀的多少,根据结果指出哪一 pH 是酪蛋白的等电点。

表 3-6　各试管加样情况　　　　　　　　　　　　单位:mL

加　样	管号				
	1	2	3	4	5
蒸馏水	8.4	8.7	8.0	5.0	7.4
0.01mol/L 乙酸	0.6	—	—	—	—
0.1mol/L 乙酸	—	0.3	1.0	4.0	—

续表

加　样	管号				
	1	2	3	4	5
1mol/L乙酸	—	—	—	—	1.6
0.5%酪蛋白	1.0	1.0	1.0	1.0	1.0
溶液最终pH	5.9	5.3	4.7	4.1	3.5
沉淀出现情况					

【注意事项】

溴甲酚绿指示剂的变色范围 pH 3.8~5.4,其酸性色为黄色,碱性色为蓝色。

【思考题】

(1) 为什么等电点时蛋白质的溶解度最低?请结合你的实验结果和蛋白质的胶体性质加以说明。

(2) 解释蛋白质两性反应中颜色及沉淀变化的原因。

(3) 本实验所用测定蛋白质等电点的方法的原理是什么?

实验3　乙酸纤维薄膜电泳法分离动物血清蛋白质

【实验目的】

(1) 学习乙酸纤维薄膜电泳法分离动物血清蛋白质的原理及意义。

(2) 掌握乙酸纤维薄膜电泳的操作方法。

【实验原理】

带电粒子在外加电场力作用下向着与其电荷相反电极方向移动的现象称为电泳。蛋白质是两性电解质,在不同 pH 条件下,其带电情况不同。在等电点时,蛋白质分子为兼性离子,净电荷为零,在电场中不发生泳动;在 pH 小于其等电点的溶液中,蛋白质分子带正电荷,向负极泳动;反之,蛋白质分子在 pH 大于其等电点的溶液中,带负电荷,向正极泳动。泳动速度除与电场强度、溶液性质有关外,主要与分子颗粒所带电荷量以及其分子的大小、形状等相关。电荷较多、分子较小的球状蛋白质泳动速度较快。

利用乙酸纤维素薄膜作为支持物进行电泳的优点是:电渗作用小、分离速度快、区带清晰、样品用量少、操作简单等。血清中的各种蛋白质在相同缓冲液中带负电荷(表 3-7),在电场中向正极移动。由于各种蛋白质荷质比不同,其移动速度不同而被分离,由前至后依次为清蛋白 A、α_1 球蛋白、α_2 球蛋白、β 球蛋白和 γ 球蛋白,将蛋白质染色后,可通过比色法或扫描法测定各种蛋白质的相对含量。

表 3-7　血清蛋白的等电点、相对分子质量及其在血清中占总蛋白的百分比

血清蛋白	等电点	相对分子质量	占总蛋白的百分比/%
清蛋白	4.64	69 000	57~72
α_1 球蛋白	5.06	200 000	2~5
α_2 球蛋白	5.06	300 000	4~9
β 球蛋白	5.12	90 000~150 000	6.5~12
γ 球蛋白	6.85~7.3	156 000~950 000	12~20

【试剂与器材】

1. 试剂

(1) 巴比妥缓冲液(pH 8.6,离子强度 0.06):称取巴比妥钠 12.76g,巴比妥 1.66g,溶于蒸馏水中,定容至 1 000mL,混匀。

(2) 氨基黑染色液:称取氨基黑 10B 0.5g,加入冰乙酸 10mL 和甲醇 50mL,用蒸馏水稀释至 100mL,混匀。

(3) 漂洗液:将 95% 的乙醇 45mL、冰乙酸 5mL、蒸馏水 50mL 一起混匀。

(4) 洗脱液:0.4mol/L NaOH。

(5) 透明液:95% 乙醇 80mL,加入冰乙酸 20mL,混匀。

(6) 新鲜动物血清。

2. 器材

乙酸纤维薄膜(2cm×8cm)、电泳仪、电泳槽、点样器、铅笔等。

【操作步骤】

1. 准备

连接电泳槽、装填缓冲液,并在电泳槽两侧的支持板上分别用四层滤纸或纱布搭桥,即使纱布的一端搭到支持板上,另一端浸入缓冲液中。在乙酸纤维薄膜的粗糙面距一端 2cm 处,用铅笔画一直线(与此端平行),作为点样线。把膜放入缓冲溶液中浸泡超过 3h,使膜完全浸透。

2. 点样

把浸透缓冲液的乙酸纤维薄膜取出,用镊子轻轻夹到滤纸上,吸去多余的缓冲液,将微量血清(3~5μL)均匀地加入点样器,把点样器竖直轻贴到膜的点样线上,使血清吸入膜内,注意应使血清成为粗细一致的直线状。

3. 电泳

将膜的粗糙面朝下放入电泳槽,两端与紧贴于两侧支持板搭桥的滤纸或纱布上,且点样端靠近负极侧。

检查电泳槽电极的连接正确无误后通电,调节电压,使每条薄膜的电流为 0.5~1mA,通电 45min 至 1h,关闭电源。注意电泳期间不许随意打开盖子,以免触电。

4. 染色

电泳完毕,迅速取出薄膜,浸入氨基黑 10B 染色液中 1~2min 分钟后取出,先用流水洗掉表面附着的染料,然后用漂洗液漂洗至背景无色为止,取出薄膜并用滤纸吸干。

5. 定量

取试管 6 支并编号,将电泳后的薄膜按蛋白区带剪开(面积大至相同),分别置于试管中,另在空白部分剪下同样大小的薄膜作为空白管,各管内分别加 0.4mol/L NaOH 溶液 4mL,充分振荡,使其脱色。然后在 650nm 波长处比色,以空白管做对照,分别读出各蛋白带的吸光度值。如果血清过稠,可用生理盐水稀释 1 倍再测吸光度值。

计算:

$$吸光度总和 \ T = 5 \ 种蛋白(A + \alpha_1 + \alpha_2 + \beta + \gamma) 的吸光度之和$$

$$各部分百分比 = \frac{各管吸光度}{T} \times 100\%$$

6. 透明和光扫描

待薄膜干燥后,放入透明液中10min左右(或将薄膜置于载玻片上,干燥、滴加透明液),取出并贴于清洁的玻璃片上,驱除气泡,干后即透明。透明后的玻片可放在光扫描计中测定百分比含量。

【思考题】

(1) 乙酸纤维薄膜电泳与纸电泳相比有哪些优点?

(2) 电泳后,蛋白质条带的顺序如何?请分析原因。

实验 4　聚丙烯酰胺凝胶电泳分离血清蛋白

【实验目的】

(1) 掌握聚丙烯酰胺凝胶电泳的原理及其操作步骤。

(2) 了解血清蛋白的主要成分。

【实验原理】

聚丙烯酰胺凝胶电泳(polyacryamide gel electrophoresis,PAGE)是一种区带电泳。这种凝胶是由丙烯酰胺单体(acrylamide,Acr)和交联剂 N,N'-甲叉双丙烯酰胺(N,N'-methylena bisacrylamide,Bis)聚合而成。聚合反应分两种,即化学聚合和光聚合。化学聚合以过硫酸铵$[(NH_4)_2S_2O_3]$(简称 AP)为催化剂,加速剂是 N,N,N',N'-四甲基乙二胺(tetramethyl ethylenediamine,TEMED)。TEMED 可使过硫酸铵形成氧的自由基,后者又可使 Acr 单体和 Bis 形成自由基,经自由基之间的相互转移,从而引起聚合作用。TEMED 在低 pH 值时失效,会使聚合作用延迟。一些金属及分子氧会妨碍聚合作用,制凝胶时要充分考虑这些因素的影响。光聚合以光敏感物质维生素 B_2 作为催化剂,在光照条件下引发聚合反应。光聚合形成的凝胶孔径较大,随光照时间的延长而逐渐变小,不太稳定,所以常用来制备大孔径的浓缩胶;化学聚合形成的凝胶孔径较小,重复性好,常用来制备分离胶,也用来制备浓缩胶。从凝胶的结构来看:Acr 单位连接构成长链,夹在其中的 Bis 使链与链交联在一起,形成三维网状结构,网眼的大小与分子的大小相当,使凝胶具有分子筛效应,它能限制蛋白质等分子的扩散运动,具有良好的抗对流作用。长链上富含的酰胺基团使其成为稳定的亲水凝胶,又由于不带电荷,在电场中电渗现象极其微小。这些特点使聚丙烯酰胺凝胶成为很好的区带电泳支持介质。

制胶时,Acr 和 Bis 的总浓度以及 Bis 所占的比例决定聚丙烯酰胺凝胶的质量和性能。对于不同的样品,应根据具体情况,通过改变 Acr 和 Bis 的浓度和比例来制得不同网眼大小的凝胶,以达到最佳分离效果。一般常用 7.5% 聚丙烯酰胺凝胶来分离蛋白质,而用 2.4% 聚丙烯酰胺凝胶来分离核酸。

PAGE 常采用先通过浓缩胶浓缩样品,再通过分离胶分离样品的方法进行,因两种胶的缓冲液离子成分、pH、凝胶浓度及电位梯度都不同,所以称为不连续系统。而不连续系统对样品的分离不仅具有电荷效应和分子筛效应,还具有浓缩效应。下面就这 3 种物理效应分别加以说明。

1. 电荷效应

各种样品分子按其所带电荷的种类及数量的不同,在电场的作用下,向一定的电极以一定的速度泳动。

2. 分子筛效应

样品分子由于相对分子质量和形状的不同,通过一定孔径的分离胶时,所受到的阻碍程度不同,表现出不同的迁移率,这就是分子筛效应。相对分子质量小的球形分子,受到的阻力较小,泳动速度较快;反之,相对分子质量大、形状不规则的分子在穿过凝胶网眼过程中受到的阻力较大,移动较慢。

3. 浓缩效应

浓缩胶的网眼较大,不存在分子筛效应,但其 pH 为 6.7。甘氨酸解离度低,几乎不带电荷,泳动速度慢,而氯离子泳动速度最快,在此处产生反电场,使蛋白质即带有负电荷的样品的有效泳动率介于快、慢离子之间,可以有序地排列在其间,聚集成一条很狭窄的区带。当进入分离胶时,由于 pH 改变,反电场消失,各种蛋白质从相同的起跑线上,在电荷效应和分子筛效应的作用下开始泳动,因而得到较好的分离效果。这种电泳方法已成为目前广泛使用的分离分析手段。

【试剂与器材】

1. 试剂

（1）凝胶贮存液:按实验步骤中表格的要求制备 1～7 号试剂(表 3-8)。

（2）电极缓冲液(pH 8.3):称取三羟甲基氨基甲烷(Trishydroxymethyl aminomethane,Tris)6.3g 和甘氨酸 28.8g,加蒸馏水溶解,调 pH 至 8.3,定容至 1 000mL,用时 10 倍稀释。

（3）染色液:将 0.25g 考马斯亮蓝 R-250 加入 454mL 50% 甲醇溶液和 46mL 冰乙酸。

（4）脱色液:将 75mL 冰乙酸、875mL 蒸馏水与 50mL 甲醇混合。

（5）0.05% 溴酚蓝。

2. 器材

电泳仪、电泳槽、1～10mL 注射器、100μL 进样器、凝胶染色盒、摇床等。

【操作步骤】

1. 凝胶的制备

将洗净烘干的凝胶电泳玻璃板放好夹层条,固定到制胶架上,可用热琼脂溶液封闭凝胶板的两侧面和底面,确保无漏液。取出预先配制的胶贮存液按表 3-8 操作,用量根据凝胶板的大小而定。

表 3-8 聚丙烯酰胺凝胶电泳所配试剂一览表

编 号	100mL 溶液中的含量		溶液混合比例	
1 号	1mol/L HCl	48.0mL	分离胶	
	Tris	36.6g	1 号	1 份
	TEMED	0.23mL	2 号	2 份
	用稀 HCl 调 pH 至 8.9		H$_2$O	1 份
2 号	Acr	29.0g	抽气	
	Bis	1.0g	3 号	4 份
3 号	过硫酸铵	0.3g	凝胶浓度 7.5%,pH 8.9	

续表

编　号	100mL 溶液中的含量		溶液混合比例	
4 号	1mol/L HCl	约 48mL	浓缩胶	
	Tris	5.98g	4 号	1 份
	TEMED	0.46mL	5 号	2 份
	用稀 HCl 调 pH 至 6.7		7 号	4 份
5 号	Acr	10.0g		抽气
	Bis	2.5g	6 号	1 份
6 号	维生素 B_2	4.0mg	(或 3 号)	1 份)
7 号	蔗糖	40.0g	凝胶浓度 3.1％,pH 6.7	

注:表中各号试剂用蒸馏水溶解。

首先配制分离胶,在适量大小的容器中按比例加入 1 号、2 号溶液及蒸馏水,混合后,放到带抽气阀的干燥器中,用水泵或抽气机抽气至溶液中无气泡冒出为止。取出,加入新配制的 3 号溶液,用玻璃棒混匀,及时将混合液灌入玻璃板的夹缝中,液面高度可根据电泳板的高度而定(可预先做记号)。然后立即顺玻璃面用 1mL 注射器缓慢(不要滴加)加入 3～5mm 高的水层,以隔离空气,加速成胶反应,加水时一定要防止搅乱胶面。约 30min,从侧面可看到胶与水之间形成一条明显的界线时,说明凝聚完成。倒出胶面上的水,也可用滤纸吸干。

再按表 3-8 配制浓缩胶,按比例混合 4 号、5 号和 7 号溶液,抽气后加入 6 号溶液,混匀。先用少量胶液冲洗分离胶面,倒出,再立即把浓缩胶混合液灌满整个凝胶板,慢慢插入梳子,使浓缩胶长度最少保持 1cm 左右,将凝胶板置于日光或日光灯下照射,进行光化反应,约 30min 后聚合完全,此时可见浓缩胶呈明显的灰白色。用蒸馏水润湿后,拔出梳子,用电极缓冲液洗涤胶面。把制好的凝胶板转到电泳架上,固定,检查玻璃板与架子之间是否漏液,在上下槽中,灌上电极缓冲液要漫过胶面,即可上样电泳。浓缩胶层应在电泳前制备。

2. 加样

取新制血清(动物或人)15μL,加 40％蔗糖 10μL 和溴酚蓝 5μL,放置到小容器内,混匀。用微量进样器吸取样品,让针头穿过胶面上的缓冲液,慢慢推动进样器,使样品慢慢落在槽内的胶底面上。推动进样器时不宜过猛,以免样品与缓冲液混合。记录各上样槽中所加的蛋白质样品。

3. 电泳

加足电极缓冲液后,插上电极,然后接通电源,电泳初期电压控制在 70～80V,待样品进入分离胶后,加大电压到 120～150V,继续电泳。当溴酚蓝指示剂到达距胶底部 0.5～1cm 处时,关闭电源,等电压消失后,倒出电泳槽中的电极缓冲液,取出凝胶板。在用水润湿的情况下,慢慢揭开玻璃板,取下凝胶。

4. 染色

将取下的凝胶放入染色盒内,加入染色液,在摇床上慢速摇晃,染色 20～50min。倒出染色液并回收,换成脱色液漂洗,多次更换脱色液或放在 37℃处加热促进脱色,直至无蛋白质区带处的背景颜色褪净,见到清晰的血清蛋白质电泳图谱为止。电泳结果可用扫描仪扫描记录或拍照。凝胶在 7％乙酸溶液中可长期保存。

【注意事项】

（1）Acr 及 Bis 均有神经毒性，并容易吸附于皮肤，对皮肤有刺激作用，操作时可使用一次性手套。应认识到保持清洁才能真正减少损害，如试剂瓶口处的清洁，污染器皿的处理等。

（2）丙烯酰胺和甲叉双丙烯酰胺在贮存过程中缓慢转变为丙烯酸和双丙烯酸，这一脱氨基反应是光催化或碱催化的，故溶液的 pH 应不超过 7.0。这一溶液置棕色瓶中贮存于室温，隔几个月须重新配制。

（3）抽气的目的是去除胶液中的空气，防止形成凝胶后空气形成的气泡影响电泳，同时也减少凝胶中的氧气，有利于自由基发挥作用，促进胶的聚合速度。一般实验情况下抽气这步可以省略，但在做 DNA 测序时，一定要抽气。

【思考题】

（1）聚丙烯酰胺凝胶电泳的原理是什么？

（2）聚丙烯酰胺凝胶电泳有哪些用途？

（3）在进行聚丙烯酰胺凝胶电泳时应注意哪些事项？

（4）为减少 Acr 及 Bis 的污染应注意什么？

实验 5　蛋白质相对分子质量的测定

【实验目的】

1. 学习 SDS-聚丙烯酰胺凝胶电泳的操作方法和考马斯亮蓝染色方法。

2. 掌握 SDS-聚丙烯酰胺凝胶电泳测定蛋白质相对分子质量的原理。

【实验原理】

SDS-聚丙烯酰胺凝胶电泳（SDS-PAGE）是分离蛋白质的常用技术之一，其基本原理是：阴离子表面活性剂 SDS（十二烷基硫酸钠）是一种变性剂，它能使蛋白质的氢键和疏水键打开，并结合到蛋白质分子上，使各种蛋白质-SDS 复合物都带上大量的负电荷，其数量远远超过了蛋白质分子原有的电荷量，从而使不同种类蛋白质间原有的电荷可忽略不计。这样电泳的迁移率只取决于蛋白质的相对分子质量，利用这种原理可测定未知蛋白质的相对分子质量。

当蛋白质的相对分子质量为 11 700～165 000，蛋白质-SDS 复合物电泳相对迁移率与蛋白质相对分子质量的对数呈线性关系，符合直线方程式：

$$\lg M_r = -bx + k$$

式中：M_r 为蛋白质的相对分子质量，x 为蛋白质-SDS 复合物电泳迁移率；k 为截距；b 为斜率；k 和 b 均为常数。将已知相对分子质量的标准蛋白质在 SDS-聚丙烯酰胺凝胶电泳中的迁移率对相对分子质量的对数作图，即可得到一条标准曲线，因此只要测出未知相对分子质量的蛋白质在相同条件下的电泳迁移率，就能根据标准曲线求得其相对分子质量。

【试剂与器材】

1. 试剂

(1) 标准蛋白质纯品：根据待测蛋白质的相对分子质量大小，购买低相对分子质量小的标准蛋白质或相对分子质量大的标准蛋白质。

(2) 30%丙烯酰胺溶液：称取 Acr 29.2g，Bis 0.8g，加蒸馏水至100mL，置于棕色瓶中，4℃保存。

(3) 分离胶缓冲溶液(pH 8.9)：称取 Tris 36.34g，加 150mL 蒸馏水，用浓盐酸调节pH 至8.9，将溶液定容至200mL，高温高压灭菌后，室温保存。

(4) 浓缩胶缓冲溶液(pH 6.8)：称取 Tris 12.1g，加 80mL 蒸馏水，用浓盐酸调节 pH至6.8，将溶液定容至100mL，高温高压灭菌后，室温保存。

(5) 10% SDS：称取 SDS 10g，加蒸馏水至100mL，溶解后室温保存。

(6) 10%过硫酸铵：称取过硫酸铵 0.5g，加 5mL 蒸馏水，现用现配。

(7) TEMED(四甲基乙二胺)。

(8) 电泳缓冲液(pH 8.3)：称取 Tris 3g，甘氨酸 18.8g，SDS 1g，加蒸馏水至1L，pH为8.3，在室温条件下保存。

(9) 5×样品缓冲液：取 1mol/L Tris-HCl (pH6.8)0.6mL，加入 10% SDS 2mL，50%的甘油 5mL，β-巯基乙醇 0.5mL，1%溴酚蓝 1mL，蒸馏水 0.9mL 混匀，可在 4℃条件下保存数周或−20℃条件下保存数月。

(10) 考马斯亮蓝染色液：考马斯亮蓝 R-250 1.0g，加入异丙醇 250mL、冰乙酸 100mL、蒸馏水 650mL，混匀，室温保存。

(11) 考马斯亮蓝脱色液：将乙醇 50mL，冰乙酸 100mL，蒸馏水 850mL 混匀备用。

2. 器材

垂直板型电泳槽、电泳仪、50mL 烧杯、进样器、电子天平等。

【操作步骤】

1. 安装垂直板型电泳装置

在成套的两块玻璃板中间正确放入硅胶条，然后将其夹入电泳槽中，注意用力均匀，以免夹碎玻璃板。将 2mL 双蒸水加入两块玻璃板中，观察有无渗漏现象。如果没有，将水倒出、吸干。把装好的电泳装置垂直放置，备用。

2. 凝胶的制备

(1) 分离胶的制备：根据所测蛋白质的相对分子质量范围，选择某一合适的分离胶浓度。按表3-9所列的试剂用量配制。

表 3-9　SDS-聚丙烯酰胺凝胶电泳不同浓度凝胶配制用量表　　　　　　单位：mL

各种组分名称	配制 30mL 不同浓度分离胶所需试剂用量					配制 10mL 5%浓缩胶
	6%	8%	10%	12%	15%	
蒸馏水	15.9	13.9	11.9	9.9	6.9	6.8
30%丙烯酰胺	6.0	8.0	10.0	12.0	15.0	1.7
分离胶缓冲溶液(pH 8.8)	7.5	7.5	7.5	7.5	7.5	—
浓缩胶缓冲溶液(pH 6.8)	—	—	—	—	—	1.25
10%SDS	0.3	0.3	0.3	0.3	0.3	0.1

续表

各种组分名称	配制 30mL 不同浓度分离胶所需试剂用量					配制 10mL 5%浓缩胶
	6%	8%	10%	12%	15%	
10%过硫酸铵	0.3	0.3	0.3	0.3	0.3	0.1
TEMED	0.024	0.018	0.012	0.012	0.012	0.01

将所配制的分离胶混匀后,立即用加样器加注到玻璃板间隙中,加胶的高度距样品槽模板下缘约 1cm 处,上层再沿玻璃板内壁加一层蒸馏水(目的使胶面平整)。将胶板垂直放于室温下,40~60min 后分离胶完全聚合,倒出分离胶胶面的水封层,并用无毛边的滤纸条将残留的水吸干。

(2)浓缩胶的制备:按表 3-9 配制浓缩胶,混匀后用加样器将浓缩胶溶液加到已聚合的分离胶上方,立即插上梳子。插上梳子的目的是使胶液聚合后,在凝胶顶部形成数个相互隔开的凹槽。凝胶垂直放于室温下聚合 60min 左右。

3. 蛋白质样品的处理

(1)标准蛋白质样品的处理:将标准蛋白质样品溶于样品缓冲液中,按 1.0~1.5g/L 溶液比例配制。溶解后盖上盖子,在沸水中加热 2~3min,取出冷却至室温。如果样品暂时不用,可在 −20℃ 条件下保存。

(2)待测蛋白质样品的处理:待测蛋白质样品(人或动物血清)的处理与标准蛋白质样品的方法相同。

4. 加样

将 pH 8.3 的电泳缓冲液倒入电泳槽中,没过短玻璃片。用加样器依次在各个样品凹槽内加样,一般加样体积为 10~15μL。

5. 电泳

按正、负极正确与电泳仪相连,打开电源,开始时将电流调至恒流 10mA,待样品进入分离胶后,将电流调至 30~50mA。待蓝色染料迁移至距下端约 1cm 时,停止电泳,需 2~3h。

6. 染色

取下凝胶,小心撬开玻璃板将凝胶取出,放入染色液中染色 2~5h。

7. 脱色

染色完毕,倒出染色液,加入脱色液。数小时更换一次脱色液,脱色至背景无色为止。

8. 相对分子质量(M_r)的测定

(1)计算相对迁移率:通常以相对迁移率来表示迁移率。相对迁移率的计算方法如下。

用直尺分别量出样品区带中心及染料与凝胶顶端的距离,按下式计算:

$$相对迁移率 = 样品迁移的距离(cm)/染料迁移的距离(cm)$$

(2)绘制标准曲线及测定蛋白质的相对分子质量:以标准蛋白质的迁移率为横坐标,其对应的相对分子质量的对数为纵坐标,作图得到标准曲线,即为测定蛋白质相对分子质量的标准曲线。根据待测样品的相对迁移率,从标准曲线上查出其相对分子质量。

【注意事项】

丙烯酰胺具有很强的神经毒素,并可通过皮肤吸收,操作时必须戴手套。

【思考题】

（1）简述 SDS-聚丙烯酰胺凝胶电泳测定蛋白质相对分子质量的原理。

（2）在 SDS-聚丙烯酰胺凝胶电泳中,SDS 的作用是什么?

（3）在 SDS-聚丙烯酰胺凝胶电泳之前,如何选择蛋白质相对分子质量标准?

实验6　血清球蛋白的分离

【实验目的】

（1）学习和掌握分子筛凝胶层析法的工作原理和基本操作技术。

（2）通过血清球蛋白的脱盐实验,学习应用该法分离和纯化蛋白的一般原理。

（3）了解葡聚糖凝胶的选用原则。

【实验原理】

血清中主要含有清蛋白和球蛋白。清蛋白不溶于饱和硫酸铵溶液,而球蛋白不溶于半饱和硫酸铵溶液,因此,利用不同浓度的硫酸铵溶液分段盐析,便可将血清中的清蛋白和球蛋白从溶液中沉淀出来。沉淀的球蛋白加少量蒸馏水可使其重新溶解,如此便可达到初步分离清蛋白、球蛋白的目的。用盐析法分离得到的蛋白质中含有大量的中性盐,会妨碍蛋白质进一步纯化,因此首先必须去除它。常用方法有透析法、凝胶层析法等。本实验采用凝胶层析法去除球蛋白中的硫酸铵。

分子筛是指一些多孔凝胶颗粒介质。当含有不同大小分子的混合物流经这一介质时,小分子物质能进入介质内部孔隙,而大分子物质则被排阻在介质之外,因此在洗脱过程中,小分子物质会被阻滞而后洗脱出来,从而达到分离的目的,这种作用被称为分子筛效应（图 3-2）。

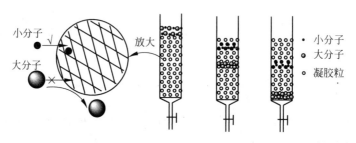

图 3-2　分子筛凝胶层析法示意图

具有这种效应的物质很多,葡聚糖凝胶(商品名称 Sephadex)是效果较好、最常用的一种。葡聚糖凝胶基本是一种不溶于水的非离子型球状颗粒,它本身不会与被分离的物质相互作用,所以分离效果比较好。但葡聚糖凝胶分子上的羟基能与某些蛋白质的碱性基团相互吸引,因而,凝胶会吸附少量蛋白质。为了克服这种吸力,往往在洗脱液中加入氯化钠等中性盐以提高洗脱剂的离子强度,当离子强度大于 0.05 时即可克服这种吸附。

在合成凝胶时,调节葡聚糖和交联剂的配比,可以获得具有不同大小网眼的葡聚糖凝胶,即不同型号的凝胶。G 值表示交联度大小,G 值越小,交联度越大,凝胶的孔径（网眼）越小,吸水量越少,其膨胀度也越小;G 值越大,交联度越小,凝胶的孔径就越大,吸水量越大,膨胀度也越大。凝胶型号 G 后边的数字表示凝胶吸水量[mL(水)/g(干胶)]的 10 倍,如 Sephadex G-25 表示其吸水量为 2.5mL/g(干胶)。Sephadex G-10～G-50 的凝胶因其吸水量小被称为硬胶；G-75～G-200 吸水量大,膨胀度也大,被称为软胶。多种型号的葡聚糖凝胶的相关技术数据参见附录 3。G-10～G-50 通常被用作分离肽或脱盐,而 G-75～G-200 可用于分离相对分子质量大于 10 000 的蛋白质。

【试剂与器材】

1. 试剂

(1) 饱和硫酸铵溶液(pH 7.0)：称取硫酸铵 760g,用水定容至 1 000mL,加热至 50℃,使绝大部分硫酸铵溶解,在室温下过夜。取上清液以氢氧化铵调 pH 至 7.0。

(2) 0.01mol/L 磷酸缓冲液(pH 7.0,内含 0.15mol/L NaCl)：取 0.2mol/L Na_2HPO_4 溶液 30.5mL、0.2mol/L NaH_2PO_4 溶液 19.4mL、NaCl 8.5g,加水定容至 1 000mL。

(3) 葡聚糖凝胶 G-25。

(4) 0.9%NaCl 溶液(洗脱液)。

(5) 1%$CuSO_4$ 溶液。

(6) 1%$BaCl_2$ 液。

2. 器材

层析柱($\phi 1 \times 30cm$)、滴定台、恒压瓶、烧杯、试管、玻璃棒、长滴管、动物血清、1.5mL 或 2mL 离心管。

【操作步骤】

1. 球蛋白的盐析

取 0.5mL 的动物血清,加等体积的饱和硫酸铵,静置 15min,以 4 000r/min 转速离心 10min,除去上清液,沉淀加 0.5mL 蒸馏水溶解,即可得到球蛋白的盐溶液。

2. 凝胶的预处理

称取 3～4g Sephadex G-25,加入约 50mL 的水,室温溶胀 6h 或沸水浴中溶胀 2h。一般采用后一种方法,因后一种方法不但节约时间,而且可以除去凝胶中污染的细菌和排除气泡。充分溶胀后的凝胶,倒去上层多余的水及细小颗粒,如此反复洗涤 2～3 次,放抽气瓶中抽气,去除气泡待用。

3. 装柱

(1) 固定：将洗净的层析柱垂直固定在铁架台上,有磁心(或尼龙布)端向下,在层析柱下端出水口装一可调止水夹。

(2) 排气：关闭下口止水夹,柱内装有 1/3 的洗脱液,排出筛板下的气泡。

(3) 装柱：向层析柱内加入已溶胀好的 Sephadex G-25 凝胶。凝胶加入柱内时一定要边搅边加,并打开下口止水夹,使液体不断流出,同时不断加入搅匀的凝胶,凝胶随液体的流出均匀地沉降到层析柱底部,直至凝胶沉降到柱高的 1/2～2/3 为止,关闭下口止水夹。加凝胶时特别要注意不能时断时续,而要一直加到所需柱体高度为止,中间中断将出现分层或纹路等毛病。若出现上述现象应重新装柱。

(4) 平衡：冲净层析柱顶端入口处的胶粒,接通洗脱瓶,打开下口止水夹,使洗脱液流过凝胶柱约 15min,平衡凝胶柱。

4. 上样

(1) 凝胶柱平衡后,关闭下口止水夹,开启洗脱瓶与柱的连接塞,然后打开柱下口止水夹,让柱内洗脱液(水)流出,当柱床上洗脱液与凝胶面相切时关闭下口止水夹。注意液面切勿低于柱床面。

(2) 用长吸管吸取球蛋白-硫酸铵混合液 0.5mL(约 10 滴)小心地慢慢加到凝胶柱的表面(注意加样时切勿将柱床面凝胶冲起,也不要沿柱壁滴加。否则样品会从柱壁与凝胶柱之间漏下)。打开下口止水夹,并控制流速使样品慢慢进入凝胶柱,待液面与凝胶表面相切,关掉下口止水夹,将流出液收集至 1 号试管中。

用滴管轻轻加 0.5mL(10 滴)0.9%氯化钠洗脱液至凝胶表面,打开下口止水夹,也将洗脱液放入凝胶柱内,将流出液收集至 1 号试管中,待液面与凝胶表面相切,关掉下口止水夹。以上操作重复 1 次。

用滴管缓慢滴加约 5cm 高洗脱液于凝胶床面上,层析柱上口连接含 0.9%氯化钠洗脱液的洗脱瓶,开始分离洗脱。整个操作过程切勿使液面低于床面,以免空气进入。

5. 洗脱及鉴定

(1) 洗脱:打开下口止水夹,将 1 号试管收集至 2mL,同时调节流速,流速控制在每分钟 10 滴。待 1 号试管收集完毕,放入试管架。下端继续用 2～12 号试管收集流出液,每管收集 2mL,共收集 12 管。

(2) 鉴定:取与收集液管数相同的试管,每管收集液一分为二,一组每管加 10%NaOH 10 滴、1%$CuSO_4$ 2 滴,产生蓝紫色时,表明试管内含有球蛋白;另一组每管加 1%$BaCl_2$ 2 滴,观察发现白色沉淀(即 $BaSO_4$),表明试管内含有硫酸盐。

6. 作图

以试管号为横坐标,以各试管内物质相对含量为纵坐标,绘制洗脱曲线。若蛋白质和硫酸盐洗脱曲线无重叠,表明二者分离成功;反之,则分离失败。

【注意事项】

(1) 装柱是层析操作中的关键步骤。为使柱床装得均匀,务必做到凝胶混悬液不稀不稠,进样及洗脱时切勿使床面暴露在空气中,不然柱床会出现气泡或分层现象;加样时必须均匀,切勿搅动床面,否则均会影响分离效果。实验过程中铁架台要平稳,层析柱要竖直放置。

(2) 凝胶价格较昂贵,且可以反复使用,因此使用后不应马上弃掉。凝胶使用后如短期不用,为防止发霉可加防腐剂(如 0.02%叠氮钠),保存于 4℃冰箱内。若长期不用,应脱水干燥保存。脱水方法:将膨胀凝胶用水洗净,用多孔漏斗抽干后,逐次更换由稀到浓的乙醇溶液浸泡若干时间,最后一次用 95%乙醇溶液浸泡脱水,然后用多孔漏斗抽干后,于 60～80℃烘干贮存。

【思考题】

(1) 除本实验方法外,还可以用什么方法除去蛋白质中的无机盐类物质?

(2) 盐析时,为何要用硫酸铵等中性盐?

实验 7　凝胶过滤层析法分离血红蛋白

【实验目的】

(1) 掌握凝胶过滤层析法的基本原理及应用。

（2）掌握凝胶过滤层析的基本操作技术。

【实验原理】

凝胶过滤是一种利用相对分子质量大小分离物质的层析方法，又称为分子筛层析。目前常用的凝胶类介质主要有葡聚糖凝胶（商品名为 Sephadex）、琼脂糖凝胶（商品名为 Sepharose）、聚丙烯酰胺凝胶（商品名为 Bio-gel）等。它们都是不溶于水的高聚物，内部有很微细的多孔网状结构。每一个凝胶颗粒好像一个筛子，小分子物质可以进入颗粒内部，大分子物质被排阻在外。以 Sephadex 为例，它是由一定平均相对分子质量的葡聚糖与环氧氯丙烷交联生成的高聚物，网眼的大小由葡聚糖的相对分子质量与环氧氯丙烷的用量来控制。葡聚糖的相对分子质量越大，环氧氯丙烷用量越大，则交联度越大，凝胶的网眼越小，被筛物质相对分子质量越小。Sephadex 有很强的亲水性，在水或缓冲液中能吸水膨胀。交联度越大，网眼越小，吸水量也越少。

本实验利用凝胶过滤的特点，先向层析柱中加入 $FeSO_4$ 溶液，形成一个还原带，然后加入血红蛋白样品（血红蛋白与高铁氰化钾的混合液）。由于血红蛋白相对分子质量大，在凝胶床中流速快，当其流经还原带时，褐色的高铁血红蛋白立即变为紫红色的亚铁血红蛋白。亚铁血红蛋白继续下移，与缓冲液溶解的 O_2 结合，形成鲜红的氧合血红蛋白。铁氰化钾是相对分子质量小的化合物，呈黄色带，远远地落在后面，这样就可以形象直观地观察凝胶过滤的分离效果。

【试剂与器材】

1. 试剂

（1）磷酸缓冲液（pH 7.0）：称取 $Na_2HPO_4 \cdot 2H_2O$ 2.172g（$Na_2HPO_4 \cdot 12H_2O$ 4.368g）、$NaH_2PO_4 \cdot 2H_2O$ 1.076g，溶于蒸馏水中，定容到 1 000mL。

（2）Na_2HPO_4-$EDTANa_2$ 溶液：称取 $EDTANa_2$ 2.69g、$Na_2HPO_4 \cdot 2H_2O$ 3.56g（$Na_2HPO_4 \cdot 12H_2O$ 7.16g），加蒸馏水溶解并定容至 100mL。

（3）40mmol/L $FeSO_4$ 溶液：称取 $FeSO_4 \cdot 7H_2O$ 1.11g，将其溶于 100mL 水中（用时现配）。

（4）Sephadex G-25。

（5）固体铁氰化钾 $[K_3Fe(CN)_6]$。

（6）抗凝血：将动物血样和 2.5% 柠檬酸钠按 6∶1 的体积比混合，置于 4℃冰箱中保存。

2. 器材

全波长扫描紫外分光光度计、自动部分收集器、烧杯、移液管、胶头滴管、容量瓶、玻璃棒、比色皿、pH 试纸、电子天平、层析柱、恒流泵、洗耳球、铁架台、称量纸等。

【操作步骤】

1. 凝胶溶胀

称取 3g Sephadex G-25，加入 200mL 蒸馏水充分溶胀（室温 6h，沸水 5h）。待溶胀平衡后，用倾泻法除去细小颗粒，再加入与凝胶等体积的 pH 7.0 磷酸缓冲液，在真空干燥器中减压除气，准备装柱。

2. 安装仪器

洗刷后安装。

3. 装柱

将层析柱垂直固定,旋紧柱下端的螺旋夹,加入1/8柱长的磷酸缓冲液。把处理好的凝胶连同适当体积的缓冲液用玻璃棒搅匀,然后边搅拌边倒入柱中,同时开启螺旋夹控制一定流速。装柱后形成的凝胶床至少长12cm。当到达所需凝胶柱高度时(本实验达17cm),立即关闭下口,待凝胶自然沉降形成凝胶柱床。凝胶柱床一般应离柱顶3～5cm,并覆盖一层溶液。在整个操作过程中,凝胶必须处于溶液中,不得暴露于空气,否则将出现气泡和断层,应当重新装柱。

4. 平衡

继续用磷酸缓冲液流过凝胶柱,以压实凝胶,称为平衡。调整缓冲液流量,使胶床表面保持3cm液层,平衡20～30min。

5. 样品制备

取新鲜抗凝全血5mL,以2 000r/min离心10min,弃血浆。用3倍于血细胞体积的0.9%NaCl溶液清洗细胞(颠倒混匀),离心弃去上清液,重复1～2次,至上清液清亮为止。在血细胞中加入其10倍体积的蒸馏水,混匀,使血细胞破碎,即得血红蛋白溶液。取1mL血红蛋白溶液放入小烧杯中,加5mL磷酸缓冲液,再加入27.5mg固体$K_3Fe(CN)_6$,用玻璃棒搅动使其溶解,即得褐色的高铁血红蛋白溶液。

6. 层析柱还原层的形成

吸取1mL $FeSO_4$溶液和1mL Na_2HPO_4-EDTANa_2溶液,在小烧杯中混匀。旋开层析柱下端旋扭,待胶床上部的缓冲液几乎全部进入凝胶时,立即加入0.4mL上述混合液,待其进入胶床后,加0.5mL缓冲液(注意:还原剂混合液要新鲜配制,尽可能缩短其与空气接触的时间)。观察凝胶柱中是否出现黄色带?

7. 上样

当胶床表面仅留约1mm液层时(齐平),吸取0.5mL血红蛋白样品溶液,小心地注入层析柱胶床面中央,注意切勿冲动胶床,慢慢打开螺旋夹,待大部分样品进入胶床、床面上仅有1mm液层时,用滴管加入少量缓冲液,使剩余样品进入胶床,然后用滴管小心加入3～5cm高的缓冲液。观察血红蛋白样品溶液产生的条带颜色。

8. 洗脱

继续用磷酸缓冲液洗脱,调整流速,使上下流速同步保持每分钟约6滴。观察血红蛋白样品溶液条带与黄色带下移速度快慢、两条带重合后颜色变化,并记录。

9. 在全波长扫描紫外分光光度计中进行光谱测定

(1)对照(缓冲液),作为空白校准扫描基线。

(2)分别测定样品制备剩余溶液(将0.5mL稀释到10mL,根据具体情况而定稀释倍数)和收集器试管中的红色溶液(将5mL稀释到10mL,根据情况而定,颜色较浅时不用稀释)。

10. 结果处理

描述并解释实验现象,讨论凝胶过滤的效果。最后用洗脱液把柱内有色物质洗脱干净,保留凝胶柱重复使用或回收凝胶。

【注意事项】

（1）装柱时，最好一次连续装完所需的凝胶；若分次装入，需用玻璃棒轻轻搅动柱床上层凝胶，以免出现界面影响分离效果。

（2）装柱时，一方面要注意装柱的量要适宜，过多流速太慢，过少则分离不充分。另一方面要注意凝胶应始终处于溶液中。

（3）装柱后，要检查柱床是否均匀，若有气泡或分层的界面时，需要重新装柱。

（4）流速不可太快，否则分子小的物质来不及扩散，随分子大的物质一起被洗脱下来，达不到分离的目的。

（5）加液时要等到液面与胶床相切时，要小心控制并防止液面低于胶床，造成裂柱。加液时要轻缓，防止破坏胶柱。

（6）一般凝胶柱用过后，反复用蒸馏水（2~3 倍床体积）通过柱即可。如若凝胶有颜色或比较脏，需用 0.5mol/L NaOH 或 0.5mol/L NaCl 洗涤，再用蒸馏水洗。冬季一般可放置 2 个月，但在夏季如果不用，则需要加 0.02% 的叠氮化钠防腐。

【思考题】

（1）在向凝胶柱加入样品时，为什么必须保持胶面平整？上样体积为什么不能太大？

（2）为什么在洗脱样品时，流速不能太快或者太慢？

实验 8　氨基酸纸层析

【实验目的】

了解纸层析的基本原理，掌握层析操作方法。

【实验原理】

纸层析法是在以滤纸为支持物，以水和有机溶剂为展层剂的条件下，将目标分子进行分配分离的方法。展层剂中水和有机溶剂互溶后形成两个相：一个是饱和了有机溶剂后的水相，另一个是饱和了水的有机溶剂相。由于滤纸纤维素上的羟基和水分子有较大的亲和吸附力，使得水分子在产生毛细运动时会受到很大限制，移动迟缓，水相则称为固定相；而纤维素与有机溶剂的亲和力相对较弱，随毛细作用会移动得较快，因此有机溶剂相被称为移动相。由于不同物质分子大小和性质不同，它们在两相中的溶解度（分配比例）有所差异。非极性分子往往在有机相中分配较多，随有机相移动较快；而极性物质在水相中分配较多，移动相对较慢，由此使不同物质分子得以分离。

物质分子移动速度快慢一般用迁移率 R_f 表示。相同条件下，每种物质都有其固定的迁移率（R_f 值）。

$$R_f = \frac{原点到样品斑点中心的距离}{原点到溶剂前沿的距离}$$

影响 R_f 值的因素有很多，如分离物的分子结构与特性、展层剂的 pH 与配比、滤纸特性和环境温度等。

氨基酸是一种典型的两性电解质，不同氨基酸因 R 基团差异，在两相中的溶解度不同，因此将其分离。水合茚三酮是氨基酸上游离氨基的专一性显色剂之一，具有反应快、灵敏度高的特点。大多数天然氨基酸显示出蓝紫色或紫红色，而脯氨酸则为黄色。

【试剂与器材】

1. 试剂

95％乙醇、冰乙酸、正丁醇、苯丙氨酸、丙氨酸、组氨酸、脯氨酸、水合茚三酮和纯水。

(1)展层剂：将正丁醇：水：冰乙酸＝4：3：5(体积比)混合,充分摇匀,静置10min后用分液漏斗取上层液作展层剂。

(2)样品液：用纯水配制苯丙氨酸、丙氨酸、组氨酸、脯氨酸4种氨基酸溶液,浓度为4mg/mL；另将上述四种氨基酸液按等体积比制成混合液。

(3)显色剂：配制0.1％水合茚三酮正丁醇溶液。

2. 器材

电子天平(感量0.1mg)、层析缸、毛细玻璃管、喷雾器、培养皿、层析滤纸、铅笔、针、钉书钉、加热电吹风。

【操作步骤】

1. 滤纸处理

取15cm×10cm大小的定性滤纸一张,在距底边1.5cm处用铅笔轻轻画一条与底边平行的线,并等距离地在线上画出数个小圆圈(图3-3),作为点样起始点。圈的直径应小于2mm。

2. 点样

在每个圈下用铅笔记上每种氨基酸名称,用玻璃毛细管吸取样品液,轻轻点到相应氨基酸的圆圈内,样品液在滤纸上扩散不能超出圆圈；每点一次,均用冷风吹干,然后复点第二次。每样共点5次,使样品在原点上产生一定的厚度,可弥补层析时因样品扩散而导致浓度下降、染色偏淡的不足。

3. 层析

先在滤纸两边对应位置上用针戳出2对孔,再将滤纸折成圆桶状并以钉书钉穿孔连接(图3-4),纸的两边不能接触。将盛有少量展层剂的培养皿置于密闭的层析缸中5min,使缸内展层剂充分挥发至近饱和状态。再将滤纸直立于培养皿内(展层剂液面要低于点样线1cm)封闭展层。待溶剂前沿线上升距滤纸顶端1～2cm时,取出滤纸,用铅笔描出溶剂前沿界线,再以电吹风机冷风吹干。

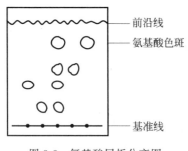
图3-3　氨基酸层析分离图

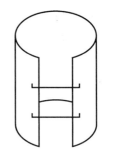
图3-4　层析滤纸圈示意图

（图3-3标注：前沿线、氨基酸色斑、基准线）

4. 显色

用喷雾器均匀喷上0.1％茚三酮正丁醇溶液,然后用热风吹干即可显出各层析样品的斑点图。

5. 测量计算

用尺量出样品斑点中心到原点中心、原点中心到溶剂前沿的直线距离,并计算各种氨基酸的 R_f 值。

6. 结果处理

制作一份完整的氨基酸层析图;制作各氨基酸的原始数据测量表及 R_f 值表。

【注意事项】

(1) 整个操作过程都不能直接用手指拿捏滤纸,要求用镊子或戴指套进行操作,以防手汗污染滤纸。

(2) 点样时要求样品液扩散范围不能超过所画原点小圈。

(3) 显色时要在通风处进行,正丁醇溶剂易挥发,对人体有较强的刺激性。

(4) 测量时只能测样品走过的实际路径,即原点到斑点中心及延长到溶剂前沿线的直线距离。

【思考题】

(1) 本实验易于产生误差的主要步骤是哪些?

(2) 展层剂液面为什么要低于样品原点位置?

(3) 如果扎纸时纸的两边相接触,或纸桶靠在缸壁上会有怎样的影响?

实验 9　牛乳中酪蛋白的提取和性质鉴定

【实验目的】

(1) 掌握等电点沉淀法提取蛋白质的方法。

(2) 了解蛋白质的两性解离性质。

【实验原理】

鲜乳中蛋白质的含量为 3.4%,主要是酪蛋白和乳清蛋白,其中酪蛋白占 80%。酪蛋白的等电点为 4.7。根据等电点时其溶解度最低的原理,将牛乳的 pH 调到 4.7,酪蛋白就被沉淀出来。酪蛋白不溶于水、乙醇及有机溶剂,但溶于碱溶液。用乙醇洗涤沉淀物,除去脂类杂质后便可得到纯的酪蛋白。

【试剂与器材】

1. 试剂

(1) 95%乙醇、无水乙醚、乙醇-乙醚混合液(体积比为 1∶1)。

(2) 0.2mol/L pH 4.7 乙酸-乙酸钠缓冲液 3 000mL。

A 液(0.2mol/L 乙酸钠溶液):称取 $NaAc \cdot 3H_2O$ 54.44g,定容至 2 000mL。

B 液(0.2mol/L 乙酸溶液):称取优级纯乙酸(含量大于 99.8%)12.0g 定容至 1 000mL。

取 A 液 1 770mL、B 液 1 230mL 混合即得 pH 4.7 的乙酸-乙酸钠缓冲液 3 000mL。

(3) 10%氯化钠、0.5%碳酸钠、0.1mol/L 氢氧化钠、0.1mol/L 盐酸、0.02mol/L 盐酸、饱和氢氧化钙溶液。

(4) 0.01%溴甲酚绿指示剂。

2. 器材

离心机、抽滤装置、精密 pH 试纸或酸度计、电炉、温度计、牛奶。

【操作步骤】

(一) 酪蛋白的制备

(1) 将 50mL 牛奶加热至 40℃。一边搅拌一边慢慢加入预热至 40℃、pH 4.7 乙酸缓冲液 50mL 中。用精密试纸或酸度计调 pH 至 4.7。将上述悬浮液冷却至室温,离心 10min (3 500r/min),弃上清液,得酪蛋白粗制品。

(2) 用蒸馏水洗涤沉淀 3 次,以 3 500r/min 转速离心 10min,弃去上清液。

(3) 在洗净的沉淀中加入约 20mL 乙醇,搅拌片刻,将全部的悬浊液转移至布氏漏斗中抽滤。用乙醇-乙醚混合液洗沉淀 2 次。最后用乙醚洗沉淀 2 次,抽干。

(4) 将沉淀摊开在表面皿上,风干,得酪蛋白纯品。

(5) 准确称重,计算酪蛋白含量(酪蛋白 g/100mL 牛乳),并和理论含量为 3.5g/100mL 牛乳相比较,求出实际得率。

(二) 酪蛋白溶解性的鉴定

取试管 6 支,分别加入水、10% 氯化钠、0.5% 碳酸钠、0.1mol/L 氢氧化钠、0.1mol/L 盐酸、饱和氢氧化钙溶液各 2mL,于各管中加入少量酪蛋白,不断摇荡,观察各管中酪蛋白的溶解性。

(三) 乳清中可凝固性蛋白质的鉴定

将制备酪蛋白时所得的滤液移入烧杯中,徐徐加热。即出现蛋白质沉淀。此为乳清中的球蛋白和清蛋白。

(四) 酪蛋白的两性反应

(1) 取溶于 0.1mol/L 氢氧化钠的酪蛋白溶液 10 滴于试管中,加入 0.01% 溴甲酚绿指示剂 5 滴,混匀,观察呈现的颜色。

(2) 用细滴管缓慢加入 0.02mol/L 盐酸溶液,随滴随摇,直至有明显的大量沉淀出现。此时溶液的 pH 接近酪蛋白的等电点,观察溶液颜色的变化。

(3) 继续滴入 0.02mol/L 盐酸溶液,直至沉淀消失,观察溶液呈现的颜色。

【注意事项】

(1) 由于本法是应用等电点沉淀法来制备蛋白质,故调节牛奶液的等电点一定要准确,最好用酸度计测定。

(2) 精制过程中用的乙醚是有毒的有机溶剂,最好在通风橱内操作。

(3) 溴甲酚绿指示剂变色的 pH 范围为 3.8～5.4,该指示剂颜色在酸中为黄色,在碱中为蓝色。

(4) 目前市面上出售的牛奶是经加工的奶制品,不是纯净牛奶,所以计算时应按产品的相应指标计算。

(5) 酪蛋白含量与季节有关,另外在热处理乳的过程中也有一些乳清蛋白沉淀出来,其沉淀量依热处理条件不同而有差异,因此测定出来的酪蛋白值可能要高于相应的理论值。

【思考题】

（1）为什么用乙醇、乙醚等洗涤酪蛋白粗制品？

（2）制备高产率纯酪蛋白的关键是什么？

第4章 酶学实验

实验 10 唾液淀粉酶活性的观察

【实验目的】

(1) 了解理化因素对酶活性的影响。

(2) 掌握唾液淀粉酶的制备和活性观察。

(3) 掌握酶的催化活性、酶的高效性和特异性。

【实验原理】

酶是生物催化剂。在一定条件下,酶促反应的能力也就是酶活力,而酶活力则受温度、pH、激活剂和抑制剂等多方面因素的影响。温度对酶促反应速度的影响是:当温度降低时,酶促反应速度降低乃至完全停止;随着温度的升高,反应速度也逐渐加快。在某一温度时,酶促反应速度达到最大值,此温度即为酶作用的最适温度。若温度继续升高,反应速度反而下降。pH 对酶促反应速度的影响是:pH 不仅影响酶蛋白分子某些基团的解离,也影响底物的解离,从而影响酶与底物的结合。在一定条件下能使酶活性达到最高时的 pH 即酶的最适 pH。凡是能够提高酶活性,加快酶促反应速度的物质都称为酶的激动剂。凡是能够降低酶活性,使酶促反应速度减慢,又不使酶变性的物质称为酶的抑制剂。

本实验以唾液淀粉酶为材料,以淀粉为底物,观察酶活性受理化因素影响的情况。淀粉在酶的催化作用下,随着反应时间的不同,可得到各种糊精、麦芽糖、少量葡萄糖等水解产物(图 4-1)。期间可用碘液来检查酶促淀粉的水解程度,从而说明温度、pH 及化学物质对酶活力的影响。

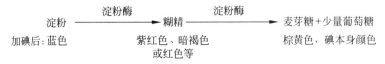

图 4-1 淀粉酶催化淀粉水解示意图

【试剂与器材】

1. 试剂

(1) 0.5%淀粉:称取淀粉 0.5g,加蒸馏水少许调成糊状,再加入煮沸的 1%的 NaCl 溶液稀释至 100mL。要求新鲜配制,冰箱保存。

(2) 0.5% 蔗糖溶液:称取蔗糖 0.5g,溶于蒸馏水后定容至 100mL。

(3) 班氏试剂

A 液:称取柠檬酸钠 173g、无水碳酸钠 100g,加蒸馏水 600mL,加热溶解,冷却后稀释至 850mL;

B 液:称取结晶硫酸铜($CuSO_4 \cdot 5H_2O$)17.3g,溶于 100mL 预热的蒸馏水中,冷却后加水至 150mL。

将 A 液缓慢倒入 B 液中混匀,即为班氏试剂,置试剂瓶中备用。

(4) 碘液:称取碘 1.27g,碘化钾 2g,溶于 200mL 蒸馏水中,置棕色瓶内贮存备用,使用前用蒸馏水稀释 5 倍。

(5) 各种 pH 缓冲液

A 液(0.2mol/L Na_2HPO_4 溶液):称取 35.62g $Na_2HPO_4 \cdot 12H_2O$,将之溶于蒸馏水后,定容至 1 000mL。

B 液(0.1mol/L 柠檬酸溶液):称取 19.212g 无水柠檬酸,将之溶于蒸馏水后,定容至 1 000mL。

pH 5.0 缓冲液:由 A 液 10.3mL、B 液 9.7mL 混合而成。

pH 6.8 缓冲液:由 A 液 14.55mL、B 液 5.45mL 混合而成。

pH 8.0 缓冲液:由 A 液 19.45mL、B 液 0.55mL 混合而成。

(6) 1% $CuSO_4$ 溶液:称取无水 $CuSO_4$ 1g,将之溶解后用蒸馏水稀释至 100mL。

(7) 1% NaCl 溶液:称取 NaCl 1g,将之溶解后用蒸馏水稀释至 100mL。

2. 器材

滴管、烧杯、试管及试管夹、恒温水浴锅、脱脂棉、漏斗及纱布、白瓷板、电炉等。

【操作步骤】

1. 唾液淀粉酶应用液的制备

每人取一个干净的饮水杯,先用蒸馏水漱口,将口腔内的食物残渣清除干净。然后口含约 20mL 蒸馏水,做咀嚼动作 1～2min,以分泌较多的唾液。最后将口腔中的唾液吐入一个干净的小烧杯中,即得所需的唾液淀粉酶液。

2. 酶活性的检测

取一块干净的白瓷板,按表 4-1 加样。

表 4-1　唾液淀粉酶应用液的制备　　　　　　　　　　　单位:滴

编　号	1	2	3	4	5	6	
蒸馏水	2	2	2	2	2	2	
唾液	2→	2→	2→	2→	2→	2→	弃去
0.5%淀粉溶液	2	2	2	2	2	2	
碘液	1	1	1	1	1	1	

注:2→表示加唾液时,只在第 1 穴中加入 2 滴新制备的唾液,将它与该穴中的蒸馏水混匀后取出 2 滴滴入第 2 穴,待混匀后又从第 2 穴取出 2 滴滴入第 3 穴,依此类推,直至从第 6 穴取出 2 滴弃去。

观察结果(颜色),以呈棕红色者浓度为准,稀释原唾液作为应用液。

3. 酶的专一性实验

(1)取 3 支试管,按表 4-2 进行实验。

表 4-2 酶的专一性实验　　　　　　　　　　　　单位:mL

编　号	1	2	3
0.5%淀粉溶液	2	0	0
0.5%蔗糖溶液	0	2	0
蒸馏水	0	0	2
稀释唾液	1	1	1

(2)摇匀后,将各管置于 37℃水浴中 10min。

(3)取出试管,分别加入班氏试剂 2mL,混匀。将各管置于沸水浴中煮沸 2~5min。观察现象并解释结果。

4. 温度对酶活性的影响

(1)取 3 支试管,按表 4-3 进行实验。

表 4-3　温度对酶活性影响的观察

编　号	1	2	3
0.5%淀粉溶液/mL	5	5	5
pH 6.8 缓冲液/mL	0.5	0.5	0.5
稀释唾液/mL	0.5	0.5	0.5
不同温度/℃	0	37	100

将各管中的试剂加好后混匀,然后及时在上述温度下分别进行处理。

(2)在干净的比色板上,于各孔穴中分别滴加 2 滴碘液。

(3)每隔 1min 从第 2 支试管中取反应液 1 滴,与比色板孔穴中的碘液混合,观察颜色的变化。

(4)待第 2 支试管中的反应液与比色板孔穴的碘液混合后颜色不再变化时,取出试管,并将在沸水浴中处理的试管用冷水冷却,然后向各试管中滴加碘液 1~3 滴。

摇匀后观察并记录各管颜色,比较管中淀粉水解的程度,说明温度对酶活性的影响。

5. pH 对酶活性的影响

(1)取 3 支试管,编号后按表 4-4 进行实验。

表 4-4　pH 对酶活性影响的观察

编　号	1	2	3
0.5%淀粉溶液/mL	2	2	2
pH 5.0 缓冲液/mL	2	—	—
pH 6.8 缓冲液/mL	—	2	—
pH 8.0 缓冲液/mL	—	—	2
稀释唾液/滴	10	10	10

摇匀后,将各管置于 37℃水浴中处理。

(2)每隔 1min 从 pH 6.8 的试管中取出 1 滴反应液滴于白瓷板上,随后滴加稀碘液 1 滴,观察其颜色变化。

（3）待颜色呈棕色时，向各管中加稀释碘液 1～3 滴。观察各管颜色，比较各管中淀粉水解的程度，解释 pH 对酶活性的影响。

6. 激活剂与抑制剂对酶活性的影响

（1）取 3 支试管，编号后按表 4-5 加样进行实验。

表 4-5　激活剂与抑制剂对酶活性影响的观察　　　　　　单位：mL

编　　号	1	2	3
0.5% 淀粉溶液	3	3	3
pH 6.8 缓冲液	0.5	0.5	0.5
1%NaCl 溶液	—	1	—
1%CuSO$_4$ 溶液	—	—	1
蒸馏水	1	—	—
稀释唾液	1	1	1

（2）将各管摇匀后，一起放入 37℃ 水浴中保温。

（3）每隔 1min 从第 1 支试管中取出 1 滴反应液滴于白瓷板上，随后滴加稀碘液 1 滴于此滴反应液中，观察其颜色变化。

（4）待加碘后颜色呈棕色时，取出 3 支试管，分别加入稀碘液 1～3 滴。观察、比较各管颜色的深浅，并加以解释。

【注意事项】

（1）可以根据实际情况，用纱布或滤纸过滤一下滤液再用。

（2）加唾液时，只在第 1 穴中加入 2 滴新制备的唾液。将其与该穴中的蒸馏水混匀后，取出 2 滴加入第 2 穴中。待混匀后又从第 2 穴中取出 2 滴加入第 3 穴。如此继续操作，直到从第 6 穴中取出 2 滴弃去。待穴中颜色呈红棕色时，即可照该穴中唾液的稀释度稀释制备的唾液，并用稀释好的唾液进行下面的实验。

（3）在向白瓷板的孔穴内依次加完蒸馏水、稀释好的唾液，并且加完淀粉溶液之后，加入碘液之前，应放置 5min。

（4）为确保实验的效果，宜在冰浴条件下加入试剂，尤其是气温较高的南方地区。

（5）加唾液时应从第 1 管开始依次进行，前后管之间相隔时间 5～7s。

【思考题】

（1）简述温度、pH、激动剂及抑制剂、酶浓度等因素对淀粉酶活性的影响。

（2）简述淀粉酶活性测定的原理及注意事项。

实验 11　碱性磷酸酶的分离制备及活性测定

【实验目的】

（1）掌握有机溶剂分级沉淀法的原理和方法。

（2）熟悉用有机溶剂分级沉淀法分离碱性磷酸酶的基本程序。

（3）掌握比活性测定的原理、方法和意义。

【实验原理】

蛋白质（包括酶）的性质、结构和功能的研究，以及生物体内物质代谢途径的阐明等都是建立在蛋白质和酶的分离纯化基础上的。在蛋白质的分离过程中,必须通过浓度、纯度和活性的测定来决定分离步骤的取舍。通过对酶的分离、纯化,浓度、纯度和活性的测定,动力学等进行研究,掌握酶的系列研究方法和操作。

有机溶剂分级沉淀法是分离蛋白质的常用方法之一。有机溶剂可使很多溶于水的生物大分子发生沉淀,其作用是降低水溶液的介电常数。本实验便是采用有机溶剂分级沉淀法,从肝或肾组织匀浆中提取、分离碱性磷酸酶(alkaline phosphatase,ALP 或 AKP)。使用的有机溶剂有乙醇、丙酮、正丁醇等。进行有机溶剂沉淀时,有机溶液的浓度常以有机溶剂和水的体积比或百分比浓度表示。在制备肝匀浆时,采用低浓度的乙酸钠溶液可以达到低渗破膜的作用,而乙酸镁则有保护和稳定 ALP 的作用。匀浆液中加入正丁醇能使部分杂蛋白变性,释放出膜中的酶,通过过滤而除去杂蛋白。含有 ALP 的滤液再进一步用冷丙酮和冷乙醇进行重复分离纯化,根据 ALP 在终浓度为 33% 的丙酮或终浓度为 30% 的乙醇中溶解,而在终浓度为 50% 的丙酮或终浓度为 60% 的乙醇中不溶解的性质,采用离心的方法重复分离、提取,可获得较为纯净的 ALP。

比活性是指单位质量蛋白质样品中所含的酶活性单位。因此,随着酶被逐步纯化,其比活性也随之逐步升高,所以测定酶的比活性可以鉴定酶的纯化程度。本实验依据 King氏法测定碱性磷酸酶活性,并测定分离纯化过程中不同阶段的比活性。该方法是根据在一定的 pH 和温度下,待测液中的 ALP 作用于底物溶液中的磷酸苯二钠,使之水解释放出酚。酚在碱性溶液中与 4-氨基安替吡啉(4-amino antipyrine,AAP)作用并经铁氰化钾催化,生成红色醌类化合物。以相同条件处理后的酚标准液作为对照,在 510nm 波长处比色测定可测知酚的量,从而计算出酶的活性。本方法可用于血清碱性磷酸酶总酶活性的测定,也可测定碱性磷酸酶分离、纯化过程中各阶段液体样品中的酶活性,并在测定蛋白质含量后,可计算各阶段的比活性、产率及提纯倍数。

【试剂与器材】

1. 试剂

(1) 新鲜动物肝组织。

(2) 0.5mol/L 乙酸镁溶液:称取乙酸镁 107.25g 溶于蒸馏水中,稀释至 1 000mL。

(3) 0.1mol/L 乙酸钠溶液:称取乙酸钠 8.2g 溶于蒸馏水中,稀释至 1 000mL。

(4) 0.01mol/L 乙酸镁和 0.01mol/L 乙酸钠溶液:取 0.5mol/L 乙酸镁 20mL 及 0.1mol/L 乙酸钠 10mL,混合后加蒸馏水稀释至 1 000mL。

(5) 丙酮、正丁醇、95% 乙醇(均用分析纯)。

(6) Tris 缓冲液(pH 8.8):称取 Tris 12.1g,用蒸馏水溶解成 1 000mL,为 0.1mol/L Tris 液。取 0.1mol/L Tris 液 100mL,加 0.5mol/L 乙酸镁 20mL 和蒸馏水 800mL,再用 1% 乙酸调节 pH 至 8.8,然后用蒸馏水稀释至 1 000mL。

(7) 20mmol/L 底物溶液:先将 500mL 蒸馏水煮沸,迅速加入磷酸苯二钠 2.18g,冷却后加入 2mL 氯仿防腐,在 4℃ 冰箱内保存。注意用剩的溶液不要再倒回瓶中。

(8) 0.3% AAP 溶液:称取 0.3g AAP 及 4.2g 硫酸氢钠,用蒸馏水溶解至 100mL,置于棕色瓶中,在冰箱中保存。

(9) 酚标准液(0.1mg/mL):

① 称取酚结晶粉 1.50g,溶于 0.1mol/L 稀盐酸,定容至 1 000mL,即为酚储备液。

② 称取 0.858 1g 重铬酸钾,用蒸馏水溶解,并稀释至 250mL 浓度即为 0.07mol/L,作为基准物。

③ 称取 12.5g 硫代硫酸钠($Na_2S_2O_3 \cdot 5H_2O$),用煮沸后冷却的蒸馏水配成 500mL 溶液,加约 0.2g 碳酸钠,保存于棕色试剂瓶中,放暗处,一周后进行过滤,标定,其浓度大约为 0.1mol/L。

④ 称取 6.5g 碘和 10g 碘化钾,混合后用少量蒸馏水溶解。再用蒸馏水稀释至 500mL,保存于棕色试剂瓶,其浓度约为 0.1mol/L,置暗处以待标定。

⑤ 采用间接碘量法,以重铬酸钾为基准物标定硫代硫酸钠溶液;再用标定过的硫代硫酸钠标定碘溶液。

⑥ 标准酚溶液的标定:取 25mL 上述酚储备液,加 50mL 0.1mol/L NaOH,在沸水浴中加热至 65℃,再加入上述碘液 25mL,盖好放置 30min 后,加浓盐酸 5mL,再加入 0.1%淀粉溶液 1mL,以其为指示剂,用上述硫代硫酸钠滴定。3 分子碘与 1 分子酚起作用,按此比例计算出每毫升酚溶液所含的酚量。应用时按上述结果用蒸馏水将酚储备液稀释至 0.1mg/mL。

(10) 0.1mol/L 碳酸盐缓冲液 pH 10(37℃):称取无水碳酸钠 3.18g 及碳酸氢钠 1.68g,溶解于蒸馏水中,稀释至 500mL。

(11) 0.5mol/L NaOH 溶液:称取 NaOH 20g,用蒸馏水溶解并定容至 1 000mL。

(12) 0.5%铁氰化钾溶液:称取铁氰化钾 5g 和硼酸 15g,各溶于 400mL 蒸馏水中,溶解后两液混合,再加蒸馏水至 1 000mL,置棕色瓶中暗处保存。

(13) 染色液:称取考马斯亮蓝 G-250 100mg,溶于 50mL 95%乙醇中,加入 100mL 85%磷酸,加双蒸馏水稀释至 1L。该染色液可保存数月,若不加水可长期保存,用前稀释。

(14) 标准蛋白溶液:结晶牛血清蛋白用蒸馏水配成 1mg/mL。

2. 器材

－20℃冰箱、试管、离心管、吸管、漏斗、镊子、手术剪、玻璃匀浆器、0.01mg 感量天平、可见紫外分光光度计、离心机、恒温水浴锅。

【操作步骤】

(一) 酶的分离纯化

以下操作均在 4～10℃进行。

(1) 称取新鲜兔肝或肾 3g,剪碎后,置于玻璃匀浆器中,加入 3.0mL 0.01mol/L 乙酸镁-0.01mol/L 乙酸钠溶液,充分磨成匀浆后,将匀浆液转移至离心管中,用 3.5mL 上述溶液分 2 次冲洗匀浆管,并倒入离心管中,混匀,此为 A 液。另取 1 支试管,编号为 A,取 0.1mL A 液,加 4.9mL Tris 缓冲液(pH 8.8)混匀,置－20℃冰箱保存,供测量分析用。

(2) 加 2.0mL 正丁醇溶液于上述剩余的匀浆液中,充分搅拌 2min 左右。然后在室内放置 20min 后,过滤,滤液置离心管中。

(3) 在滤液中加入等体积的冷丙酮,混匀后以 2 000r/min 离心 5min,弃上清液,向沉淀中加入 4.0mL 0.5mol/L 乙酸镁溶液,充分搅拌使其溶解,同时记录其体积,此为 B 液。另取 1 支试管,编号为 B,吸取 0.1mL B 液,加 4.9mL Tris 缓冲液(pH 8.8),供测量分析用。

(4) 量取剩余悬浮液,加入适量的 95%冷乙醇使乙醇终浓度为 30%,混匀后立即以

2 000r/min 离心 5min,量取上清液,倒入另一离心管中,弃沉淀。向上清液中加入 95%冷乙醇,使乙醇终浓度达 60%,混匀后立即以 2 500r/min 离心 5min,弃上清液。向沉淀中加入 4.0mL 0.01mol/L 乙酸镁-0.01mol/L 乙酸钠溶液,充分搅拌,使其溶解。

(5)重复操作步骤(4),即向悬浮液中加入冷乙醇(95%),使乙醇终浓度达 30%,混匀后立即以 2 000r/min 离心 5min,计算上清液体积,倒入另一离心管中,弃去沉淀,向上清液中加入 95%冷乙醇,使乙醇终浓度达 60%,混匀后,立即以 2 500r/min 离心 5min,弃上清液,沉淀用 3.0mL 0.5mol/L 乙酸镁充分溶解,记录体积,此为 C 液。吸取 C 液 0.2mL,置于编号为 C 的试管中,加入 3.8mL Tris 缓冲液(pH 8.8),供测量分析用。

(6)向上述剩余悬浮液中逐滴加入冷丙酮,使终浓度达 33%,混匀后以 2 000r/min 离心 5min,弃沉淀。量取上清液后转移至另一离心管中,再缓缓加入冷丙酮,使丙酮终浓度达 50%,混匀后立即以 4 000r/min 离心 15min,上清液倒入回流瓶中,弃之,沉淀便是部分纯化的碱性磷酸酶。向此沉淀中加入 4.0mL Tris pH 8.8 缓冲液,使沉淀溶解,再以 2 000r/min 离心 5min,将上清液倒入试管中,记录体积,弃沉淀。上清液为部分纯化的酶液,此为 D 液。吸取 0.2mL D 液,置于编号为 D 的试管中,加入 0.8mL Tris 缓冲液(pH 8.8),供测量分析用。

(二)酶活性测定及比活性分析

1. ALP 酶活性测定

取 6 支试管,按表 4-6 编号和按序操作。

表 4-6　碱性磷酸酶活性测定　　　　　　　　　　　单位:mL

试剂	A	B	C	D	空白	标准
20mmol/L 底物溶液	1.0	1.0	1.0	1.0	1.0	1.0
Tris-乙酸缓冲液	0.9	0.9	0.9	0.9	1.0	0.9
酚标准液(0.1mg/mL)	—	—	—	—	—	1.0
			混匀于 37℃水浴保温 5min			
不同浓度酶液	0.1	0.1	0.1	0.1	—	—
			混匀立即计时,37℃水浴准确保温 15min			
0.5mol/L NaOH 溶液	1.0	1.0	1.0	1.0	1.0	1.0
0.3%AAP 溶液	1.0	1.0	1.0	1.0	1.0	1.0
0.5%铁氰化钾溶液	2.0	2.0	2.0	2.0	2.0	2.0

充分摇匀后,在室温下放置 10min,于波长 510nm 处比色测定。

用下式计算每毫升酶液的酶活性单位数:

$$酶活性(U/mL) = \frac{OD_{510}}{标准\ OD_{510}} \times 酚标准溶液浓度(mg/mL) \times \left(\frac{1}{0.1}\right) \times 稀释倍数$$

总酶活性 = 酶单位数/mL × 样品 mL 数

将计算结果填入表 4-7。

表 4-7　不同分离阶段酶活性

分离阶段	A	B	C	D	空白	对照
每毫升酶活性单位数						
总酶活性单位数						

2. 酶蛋白含量的测定

用考马斯亮蓝染料结合法——Bradford 法对酶蛋白含量进行测定。

（1）标准曲线绘制：取 11 支试管，按表 4-8 加入试剂。

表 4-8　蛋白质标准曲线

管号	0	1	2	3	4	5	6	7	8	9	10
标准蛋白/μL	—	10	20	30	40	50	60	70	80	90	100
双蒸馏水/μL	100	90	80	70	60	50	40	30	20	10	—
染色液/mL	5	5	5	5	5	5	5	5	5	5	5

混匀，5min 后，在波长 595nm 处比色，记录各管吸光度（OD），绘制标准曲线。

（2）取 5 支试管，编号，按表 4-9 操作。

表 4-9　酶蛋白含量的测定　　　　　　　　单位：mL

管号	A	B	C	D	空白
各酶待测分析液	0.1	0.1	0.1	0.1	—
双蒸馏水	—	—	—	—	0.1
考马斯亮兰试剂	5	5	5	5	5

注：测定时，保留的 A 液还需再稀释 10 倍，否则蛋白质浓度太高，其余各管不需要稀释。

混匀，5min 后，蒸馏水调零，在波长 595nm 处比色，记录各管吸光度（OD）。

蛋白质含量计算：

$$各制剂总蛋白含量（mg）＝对应标准曲线所得值×稀释倍数×总体积$$

（三）比活性及回收率的计算

1. 比活性的计算

$$碱性磷酸酶的比活性＝\frac{碱性磷酸酶活性（U）}{样品蛋白质的量（mg）}$$

2. 纯化倍数的计算

$$纯化倍数＝\frac{各阶段比活性}{样品 A 的比活性}$$

3. 回收率计算

$$碱性磷酸酶的总活性单位＝样品 A 的比活性×匀浆（A 液）毫升数$$

$$各阶段碱性磷酸酶回收率＝\frac{各阶段酶的总活性}{匀浆（A 液）中酶的活性}×100\%$$

4. 实验结果

将实验结果填入表 4-10 内，分析各提纯步骤的意义。

表 4-10　不同分离阶段结果汇总表

分离阶段	匀浆（A 液）	第一次丙酮沉淀（B 液）	乙醇沉淀（C 液）	第二次丙酮沉淀（D 液）
总体积/mL				
蛋白质浓度/(mg/mL)				

续表

分离阶段	匀浆（A液）	第一次丙酮沉淀（B液）	乙醇沉淀（C液）	第二次丙酮沉淀（D液）
总蛋白量/mg				
酶活性/(U/mL)				
酶总活性				
比活性				
纯化倍数				
回收率/%				

【注意事项】

（1）各步加入有机溶剂量的计算要准确，否则会影响整个实验结果。

（2）加入有机溶剂混匀后不宜放置过久，应立即离心。

（3）有机溶剂应预先冷却到 $-10\sim-15℃$。

（4）加入有机溶剂时要慢慢滴加，充分搅拌，避免局部浓度过高而引起升温和变性。

（5）采用短时间的离心以析出沉淀，而且最好立即将沉淀溶于适量的缓冲液中，以避免酶活力的丧失。

（6）凡弃去上清液中含有丙酮及乙醇者均需倒入回收瓶中。

【思考题】

（1）操作过程中为什么要留取样品并测酶的比活性？

（2）如何才能提高制备酶的活性与比活性？

（3）人体血清碱性磷酸酶升高有何意义？

（4）随着酶的逐步纯化，样品中酶的总活性、蛋白质含量与酶的比活性发生怎样的变化？为什么？

实验 12　应用纸层析法鉴定酶促转氨基作用

【实验目的】

（1）了解定性测定组织中的氨基转移酶活性的方法。

（2）掌握纸层析法的基本原理及操作方法。

【实验原理】

将氨基酸分子上的氨基转移到 α-酮酸分子上的反应称为转氨基作用。转氨基作用是氨基酸代谢的重要反应之一，由转氨酶催化。转氨基后，原来的氨基酸变成了酮酸，原来的酮酸则变成新的氨基酸。例如，谷丙转氨酶（GPT）可催化如下反应：

$$α\text{-酮戊二酸}＋\text{丙氨酸}\Longleftrightarrow\text{谷氨酸}＋\text{丙酮酸}$$

氨基酸的合成和分解过程中常发生氨基转移反应，反应所需要的氨基转移酶及辅酶（磷酸吡哆醛、磷酸吡哆胺）在动物组织中普遍存在。氨基转移酶的最适 pH 为 7.4，它将氨基酸的 α-氨基转移到 α-酮酸上。每种转氨基反应均由专一的转氨酶催化。

本实验用纸层析法来观察丙氨酸和 α-酮戊二酸混合液在兔肌肉丙氨酸氨基转移酶（ALT）的作用下转变成谷氨酸和丙酮酸。新生成的谷氨酸可以与标准谷氨酸同时在滤纸上进行层析而被检出。

【试剂与器材】

1. 试剂

(1) 0.01mol/L pH 7.4 磷酸缓冲液：0.2mol/L 磷酸氢二钠溶液 81mL 与 0.2mol/L NaH$_2$PO$_4$ 溶液 19mL 混匀,加蒸馏水稀释 20 倍。

(2) 0.1mol/L L-丙氨酸：称取 0.891g L-丙氨酸(如用 DL-丙氨酸用量加倍),用少量 0.01mol/L、pH 7.4 磷酸缓冲液溶解,用 NaOH 溶液小心调节 pH 至 7.4,再用磷酸缓冲液定容到 100mL。

(3) 0.1mol/L L-谷氨酸：称取 1.47g 谷氨酸以少量 0.01mol/L pH 7.4 磷酸缓冲液溶解,用 NaOH 溶液小心调节 pH 为 7.4 后,再用磷酸缓冲液定容到 100mL。

(4) 0.1mol/L α-酮戊二酸：称取 1.46g α-酮戊二酸,以少量 0.01mol/L pH 7.4 磷酸缓冲液溶解,用 NaOH 溶液小心调节 pH 到 7.4 后,再用磷酸缓冲液定容到 100mL。

(5) 层析溶剂：取新蒸馏的苯酚 2 份,加蒸馏水 1 份,放入分液漏斗中剧烈摇动后,在暗处静置若干时间(7～10h),待分层后,取下层清液备用。贮于棕色瓶中暗处保存。

(6) 0.5%茚三酮溶液：称取茚三酮 0.5g,溶于 100mL 丙酮中。

2. 器材

层析缸、毛细管、喷雾器、培养皿、小烧杯、长颈漏斗、层析滤纸、电吹风、乳钵等。

【操作步骤】

1. 肌肉糜制备

取新鲜兔肌肉(或大白鼠)5g 在低温下剪碎,用乳钵研磨成糊状备用。

2. 酶促反应

按表 4-11 分别在 2 支试管中加入试剂。

表 4-11　酶促反应加样表

管　号	对照管	测定管
0.1mol/L 丙氨酸/mL	1.0	1.0
0.1mol/L α-酮戊二酸/mL	1.0	1.0
0.01mol/L pH 7.4 磷酸缓冲液/mL	1.0	1.0
兔肌肉糜/g	1.0	1.0

当兔肌肉糜加入对照管后立即煮沸 10min,然后放入 37℃ 水浴中与测定管同时保温。测定管加入肌肉糜后放入 37℃ 水浴中保温,1h 将测定管于沸水浴中加热 10min 终止反应。冷却后,将两管分别过滤到 2 支洁净试管中以备层析用。

3. 层析

取直径 10～11cm 圆形层析滤纸(Whatman 1 号或新华 1 号纸)一张,找出圆心,通过圆心作一条 2cm 长与滤纸纹路平行的直线,再向它作一条通过圆心的垂直线,此两条直线与直径为 2cm 的圆周的交点上分别作为测定管和对照管上清液及标准丙氨酸、谷氨酸的点样位置(图 4-2)。

点样时,将毛细管口轻轻靠到滤纸上(不能损伤滤纸),使斑点直径为 2～3mm(不能超过 5mm)。为了有足够量的样品点在滤纸上,每种样品应重复点 4～5 次,每次点样后待自然风干(或用吹风机吹干),再点下一次。

在滤纸的圆心上用打孔器打一直径 3~4mm 的小孔,另取一小条滤纸将其下端剪成刷状,卷成"灯芯"插入中心小孔,使"灯芯"不突出纸面(少许突出纸面亦可)。然后将该层析圆滤纸平放在盛有水饱和酚的康维皿上,纸芯下端须状部分浸入溶液中,再在层析滤纸上罩一个大小合适的培养皿,如图 4-3 所示。

图 4-2　点样示意图

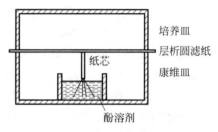

图 4-3　层析示意图

溶剂沿纸芯上升到滤纸,再向四周扩散,待溶剂前沿到达距康维皿边缘 0.5~1cm 处时(约 1h),取出层析滤纸,去掉纸芯,记下溶剂前沿,在 80~100℃ 电热鼓风干燥箱中烘 10~15min(或用吹风机吹干,但必须在通风橱内进行),以除去酚溶剂。将已烘干的滤纸平放于培养皿上,用喷雾器向滤纸均匀喷洒 0.1% 茚三酮溶液,放入 60~80℃ 鼓风干燥箱中烘 10~15min,滤纸上即可看到好几个紫红色斑点,比较各色斑点的位置及色泽深浅,并计算 R_f 值,分析实验结果。

$$R_f \text{迁移率} = \frac{\text{斑点中心到原点的距离}}{\text{溶剂前缘到原点的距离}}$$

【注意事项】

(1) 苯酚沸点为 182℃,应使用蒸馏瓶和空气冷凝管进行蒸馏。苯酚对皮肤腐蚀性很强,若溅到皮肤上,应及时用 75% 乙醇溶液擦去。

(2) 除兔肌肉外,血清、肝脏也是获得谷丙转氨酶的好材料。肌肉糜可按下法制作:称取新鲜兔或大白鼠肌肉 10g,加入 0.9% NaCl 溶液(预冷)及少量净砂,在乳钵中研磨成匀浆,纱布过滤,滤液备用。

(3) 手不要直接触及滤纸,以免沾染手上的游离氨基酸。滤纸应放在干净纸上或玻璃板上。点样处最好用玻棒架空。

(4) 径向(环形)纸层析与常用的上行纸层析相比,径向法展层快,但对滤纸的要求高。滤纸向各个方向扩散的速度要一样。

(5) 纸芯与滤纸中心小孔四周要紧密贴合,否则会使溶剂向滤纸四周扩散速度不一样。

(6) 喷洒时雾滴越细越好,大了会把斑点打散。

【思考题】

(1) 实验过程中切勿用手直接接触滤纸和显色剂,为什么?

(2) 点样过程中必须在第一滴样品干后再点第二滴,为什么?

(3) 各种层析技术在应用上有什么特点?

(4) 氨基酸的脱氨基作用有几种方式?哪种最重要?

(5) 体内的转氨酶主要有哪两种?测定它们的临床意义分别是什么?

实验 13　精氨酸激酶的提取分离及活力测定

【实验目的】

掌握用凝胶层析及离子交换层析法分离纯化精氨酸激酶的原理和操作技术,并学习蛋白质(酶)纯度的鉴定方法。

【实验原理】

精氨酸激酶属于蛋白激酶家族中的重要一员,是无脊椎动物体内调节能量代谢的关键调控酶,起着类似于脊椎动物中肌酸激酶的作用。在无脊椎动物体内能量产生较多时,催化形成磷酸精氨酸以贮存能量,在细胞活动需要能量的过程中,则催化产生 ATP。其分离纯化可通过凝胶层析及离子交换层析得到高纯度的精氨酸激酶。

1. 凝胶层析

凝胶层析也称为分子筛层析、分子排阻层析、凝胶色谱或凝胶过滤,是根据混合物随流动相经过含固定相的色谱柱时,依其分子大小不同而分离的技术。小分子物质能进入凝胶颗粒内部孔隙,流程长,而大分子物质则被排阻在凝胶网孔之外,流程短,因此在洗脱过程中,大、小分子物质在柱内因流经的时间和路径长短不同而先后洗脱出来,从而达到分离的目的,这种作用被称为分子筛效应。

凝胶特征和类型参照实验 6 和附录。

2. 离子交换层析

离子交换层析是利用离子交换剂对所分离的各种离子亲和力的不同,让离子在层析柱中移动,进而达到分离的目的。离子交换层析是一个吸附与解吸附不断交替进行的过程,缓冲液的种类、盐浓度和 pH 直接影响分离效果。离子交换剂分为两大类,即阳离子交换剂和阴离子交换剂。常用的离子交换剂有离子交换纤维素(如 DEAE-纤维素、CM-纤维素)及离子交换葡聚糖凝胶或离子交换琼脂糖凝胶。这类交换剂的优点是:①开放性长链,具有较大的表面积,吸附容量大。②离子基团少,排列稀疏,与蛋白质结合不太牢固,易于洗脱。③具有良好的稳定性,洗脱剂的选择范围广。

3. 精氨酸激酶活力测定

精氨酸激酶在催化精氨酸与 ATP 合成磷酸精氨酸时可释放出氢离子。通过酸碱指示剂可指示溶液中质子生成的量,通过颜色变化可定性、定量地显示精氨酸激酶的活性。本实验中的酸碱指示剂在反应液的 pH 稍大于 8.0 时,其 575nm 处的吸光值下降与溶液中 H^+ 浓度的增加呈线性关系,因此精氨酸激酶的活力大小既可用单位时间内 575nm 处的光吸收变化来表示,也可以通过底物显色液的颜色变化定性观察。

4. SDS-聚丙烯酰胺凝胶电泳鉴定纯度

具体参见实验 5。

【试剂与器材】

1. 试剂

(1) 葡聚糖凝胶 Sephadex G-75。

(2) DEAE 琼脂糖凝胶(DEAE Sepharose CL-6B)。

(3) 精氨酸激酶提取液:1mmol/L EDTA、14mmol/L 巯基乙醇、50mmol/L Tris-HCl

的混合液(pH 8.0)。

配制：A 液 500mL＋B 液 20mL＋1mL 巯基乙醇,加蒸馏水定容至 1L。

其中：A 液为 100mmol/L pH 8.0Tris-HCl 缓冲液：称取 Tris(三羟甲基氨基甲烷)12.114g,加蒸馏水 800mL 溶解,调 pH 8.0,定容至 1L。

B 液为 50mmol/L EDTA：称取乙二胺四乙酸(EDTANa$_2$ · 2H$_2$O)18.6g,加蒸馏水 800mL 溶解,调 pH 8.0,定容至 1 000mL。

(4) 57mmol/L 精氨酸：称取精氨酸 9.93g,加水溶解定容至 1 000mL。

(5) 46mmol/L ATP：称取 ATP 23.32g,加水溶解定容至 1 000mL。

(6) 66mmol/L MgSO$_4$：称取 MgSO$_4$ 7.94g,加水溶解定容至 1 000mL。

(7) 层析柱平衡液：配制方法与(3)相同。

(8) 凝胶层析柱洗脱液：配制方法与(3)相同。

(9) DEAE Sepharose CL-6B 层析柱洗脱液：

C 液：配制方法与(3)相同。

D 液：C 液中加入固体 NaCl 至 1mol/L。

(10) 酶活力反应液：分别取储备液即 57mmol/L 精氨酸、46mmol/L ATP、66mmol/L MgSO$_4$ 和酸碱指示剂(0.15％百里酚蓝和 0.025％甲酚红)各 2mL,加水至 20mL,调 pH 至 8.0(575nm 下的吸收值在 2.1 左右)。

2. 器材

层析柱(直径 1.0～1.3cm；管长 30cm)、恒流泵、核酸蛋白检测仪、分光光度计、自动部分收集器、低温高速离心机、TH-10000A 梯度混合仪、市售鲜虾肉等。

【操作步骤】

1. 粗酶液的制备

取鲜虾肉 6g,加入 12mL 的酶提取液,冰浴下匀浆,在 4℃条件下以 12 000r/min 转速离心 20min,上清液即为粗酶液。

2. 凝胶层析纯化

(1) 凝胶溶胀：根据柱床体积称取 Sephadex G-75 干胶 10g,放入三角瓶中,加入 500mL 蒸馏水,煮沸 2h,使之充分溶胀。

(2) 装柱：用充分溶胀的 Sephadex G-75 装柱。装柱前,先在柱中加入一定量的层析柱平衡液(约 10cm 高),然后倒入凝胶,打开柱底部的出口,使其自然沉降。当柱中形成明显分界面时,放入两层大小合适的滤纸片于凝胶顶部,接上恒流泵,流速选用 2.5mL/min。当柱不再进一步压缩时,保持柱顶部缓冲液 1～2cm 高。

(3) 加样：打开柱顶,用吸管吸出多余的缓冲液至柱床上薄薄一层,然后加入酶液,加样量一般不超过凝胶体积的 5％(1～2mL)。

(4) 洗脱：打开恒流泵,流速控制在 1～1.5mL/min 进行洗脱,洗脱液通过核酸蛋白检测仪并通过自动收集器收集,每管收集 2～3mL。

3. DEAE 琼脂糖阴离子交换层析纯化

(1) 装柱和加样方法同上。凝胶层析纯化得到的单一峰对应的管中液体为上样液。

(2) 洗脱：采用 NaCl 浓度梯度洗脱法,将 DEAE Sepharose CL-6B 层析柱洗脱液 C 液和 D 液分别加到梯度混合仪两容器内,将 D 液 150mL 加入左杯,将 C 液 150mL 加入右杯,打开梯度混合仪中间阀,接上恒流泵,流速 1.5mL/min,通过核酸蛋白检测仪和自动收集器开始收集。

4. 蛋白质含量及酶活力测定

蛋白质含量测定可采用紫外分光光度法或考马斯亮蓝法(见实验 1)。

酶活力测定:取 3mL 酶活力反应液于比色杯中,加入 $30\mu L$ 收集的酶液,立即混匀并测定 575nm 处的吸光度值,计时,当吸收度值达到 1.4 时停止测定,并记录所需时间,以 575nm 处每秒每变化 0.001 吸光度值为一个酶活力单位,如反应开始时 A_{575} 为 2.0,反应 60s 后,A_{575} 为 1.4,则酶活力为:

$$酶活力 = \frac{2.0 - 1.4}{60} \times 1\,000 = 10U$$

酶活力测定也可以简单定性分析,取酶活力反应液 1mL,加入干净的试管内,滴加收集的纯化酶液,观察颜色是否明显变浅,以此说明有无酶活性。

5. 纯度鉴定

用 SDS-聚丙烯酰胺凝胶电泳鉴定纯度(见实验 5)。

【注意事项】

(1) 装柱子时要避免凝胶中有气泡、断层,否则重装。

(2) 凝胶柱里面有气泡或裂开、柱子流通不畅,均要更换。

(3) 洗脱时注意观察控制流速,保持柱床顶部缓冲液高度不变。

【思考题】

(1) 影响蛋白质分离效果的因素有哪些?

(2) 利用层析法纯化酶时如何确定目的蛋白?

(3) 如何评价蛋白质纯度?

(4) 为什么酶纯化过程中每一步都要测定蛋白质含量和酶活性?

实验 14　过氧化氢酶 K_m 值的测定

【实验目的】

(1) 掌握一种测定过氧化氢酶 K_m 值的原理和方法。

(2) 加深底物浓度对酶促反应速度影响的理解。

【实验原理】

过氧化氢酶是一种体内的抗氧化酶,普遍存在于有氧呼吸机体的组织中,能迅速分解细胞代谢中产生的毒性物质——过氧化氢,使之不致在体内积累,它具有保护生物机体的作用。其活性与机体的代谢强度、抗寒、抗病能力有关。

过氧化氢酶是一种以铁卟啉为辅基的酶。在催化过程中,一分子过氧化氢酶先与一分子过氧化氢结合,生成具有活性的中间产物,此物可氧化一些供氢物质,产生相应的氧化产物和水,同时此中间产物还能催化另一过氧化氢分子分解成水和氧,反应过程如下:

$$E + H_2O_2 \Longrightarrow E\text{-}H_2O_2$$
$$E\text{-}H_2O_2 + AH_2 \Longrightarrow E + 2H_2O + A$$
$$E\text{-}H_2O_2 + H_2O_2 \Longrightarrow E + 2H_2O + O_2\uparrow$$

总反应式为：$2H_2O_2 \xrightarrow{\text{过氧化氢酶}} 2H_2O + O_2 \uparrow$

本实验采用 Lineweaver-Burk 双倒数作图法测定此酶的 K_m 值（图 4-4）。

双倒数米氏方程如图 4-4 所示。

$$\frac{1}{V} = \frac{K_m}{V_{max}} \cdot \frac{1}{[S]} + \frac{1}{V_{max}}$$

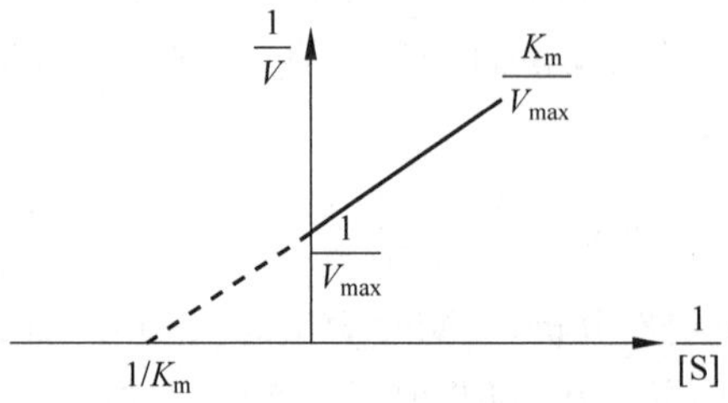

图 4-4   双倒数作图法求 K_m 值

先加入过量的 H_2O_2 与适量的酶液反应，待反应终止后剩余的 H_2O_2 用碘量法定量测定，先以钼酸铵作催化剂，使 H_2O_2 与 KI 反应，放出游离 I_2，再用 $Na_2S_2O_3$ 滴定 I_2，反应如下：

$$H_2O_2 + 2KI + H_2SO_4 =\!\!= I_2 + K_2SO_4 + 2H_2O$$

$$I_2 + 2Na_2S_2O_3 =\!\!= 2NaI + Na_2S_4O_6$$

根据空白对照与测定样品二者之差，可求出酶分解的 H_2O_2 量。酶活力以单位时间内分解 H_2O_2 的量表示。

【试剂与器材】

1. 试剂

（1）碳酸钙。

（2）1.8mol/L H_2SO_4：浓硫酸 10 倍稀释。

（3）0.02mol/L $Na_2S_2O_3$：称取 4.964g $Na_2S_2O_3 \cdot 5H_2O$，溶于 1 000mL 蒸馏水中。

（4）10% $(NH_4)_6Mo_7O_{24}$：称取 10g 钼酸铵，溶于蒸馏水中，定容至 100mL。

（5）1% 淀粉溶液：将 1g 淀粉溶于 100mL 煮沸的蒸馏水中。

（6）20% KI：将 20g KI 溶于蒸馏水中，定容至 100mL。

（7）0.05mol/L H_2O_2：取 5.68mL 30% 的 H_2O_2，用蒸馏水定容至 1 000mL。

2. 器材

天平、研钵或匀浆器、刻度移液管、滴定管、三角瓶（100mL×10）、恒温水浴锅、容量瓶、心肌或新鲜豆芽等。

【操作步骤】

1. 酶液提取

称取心肌 2.0g，剪碎，置匀浆器中，加入 6mL 蒸馏水，冰上匀浆，将匀浆液在 4℃ 条件下以 2 000r/min 转速离心 5min，取上清液 1mL，定容至 100mL 备用。

若是植物材料，用研钵研磨即可，以绿豆芽为例，称取新鲜绿豆芽 2.0g，剪碎，置研钵中，加 0.2g $CaCO_3$ 和约 2mL 蒸馏水研成匀浆，转入 100mL 容量瓶中，用蒸馏水定容。振荡片刻，静置 5min 后过滤，取清液备用。

2. K_m 值测定

(1) 取 10 个 100mL 的三角瓶,分别编号 1～5(空白对照瓶)和 1′～5′(测定瓶),按表 4-12 向各瓶中准确加入稀释好的酶液 5mL。立即向 1～5 瓶中各加入 1.8mol/L Na_2SO_4 5mL,摇匀,以终止酶活性。

(2) 将各瓶放于 20℃ 水浴锅中保温 5～10min。保温后按次序向 1～5 号瓶和 1′～5′ 号瓶分别加入蒸馏水 4、3、2、1、0mL,再顺次加入 0.05mol/L H_2O_2 1、2、3、4、5mL,留出时间差。

(3) 将各瓶放于 20℃ 水浴中,让反应准确进行 5min,然后在 1′～5′ 号瓶中分别加入 1.8mol/L H_2SO_4 5mL,迅速摇匀。

(4) 滴定前向各瓶中加入 1mL 20% KI 和 3 滴 10% 钼酸铵,用 0.02mol/L $Na_2S_2O_3$ 滴定至淡黄色时,加入 5 滴淀粉作为指示剂,再用 $Na_2S_2O_3$ 滴定至蓝色刚好消失,记录 $Na_2S_2O_3$ 消耗总量。

表 4-12　K_m 值测定时各瓶加样一览表

试　剂	瓶号									
	1	1′	2	2′	3	3′	4	4′	5	5′
酶液/mL	5.0	5.0	5.0	5.0	5.0	5.0	5.0	5.0	5.0	5.0
1.8mol/L Na_2SO_4/mL	5.0	0	5.0	0	5.0	0	5.0	0	5.0	0
蒸馏水/mL	4.0	4.0	3.0	3.0	2.0	2.0	1.0	1.0	0	0
0.05mol/L H_2O_2/mL	1.0	1.0	2.0	2.0	3.0	3.0	4.0	4.0	5.0	50
					混匀,20℃,准确 5min					
1.8mol/L H_2SO_4/mL	0	5.0	0	5.0	0	5.0	0	5.0	0	5.0
20%KI/mL	1.0	1.0	1.0	1.0	1.0	1.0	1.0	1.0	1.0	1.0
钼酸铵/滴	3.0	3.0	3.0	3.0	3.0	3.0	3.0	3.0	3.0	3.0

3. 计算与结果

(1) 被分解的量 $H_2O_2(mg) = [空白滴定体积(mL) - 样品滴定体积(mL)] \times c \times \dfrac{34.34}{2}$

$$过氧化氢酶活性 = \frac{被分解的 H_2O_2 质量(mg)}{W \times t}$$

注:c 为 $Na_2S_2O_3$ 摩尔浓度;34.34 为 H_2O_2 的摩尔质量;W 为样品质量(g),本实验为 0.1g;t 为酶促反应时间(min),本实验为 5min。

同一实验设置 3 个平行,相对偏差绝对值≤10%。

(2) K_m 值计算:以底物浓度的倒数为横坐标,以相应酶活性的倒数为纵坐标,以双倒数作图法求出过氧化氢酶的 K_m 值及 V_{max}。

【注意事项】

(1) 加水研磨材料时,大部分酶沉淀,若用碱金属或碱土金属的盐溶液处理沉淀,则酶可全部转移到溶液里。

(2) 可在临滴定前加 KI 和钼酸铵,以防止 I_2 沉淀。

(3) 酶促反应极快,应注意精确计时,加入酶液后立即摇匀。

(4) H_2O_2 很易分解,可在配制前进行标定,方法如下:取洁净三角瓶两只,各加浓度约为 0.05mol/L 的 H_2O_2 5.0mL 和 1.8mol/L H_2SO_4 5.0mL,采用实验中介绍的碘量法进行标定。根据消耗的 $Na_2S_2O_3$ 的量,计算出 H_2O_2 的准确浓度。

【思考题】

(1) 本实验中需要特别注意哪些操作?

(2) 根据本实验的结果,理解 K_m 值的意义。

(3) 测定 K_m 值,除双倒数作图法外,还有哪些方法?

实验 15　血清中谷丙转氨酶活性的测定

【实验目的】

(1) 掌握谷丙转氨酶活性测定的原理和方法。

(2) 了解转氨酶在生物体内的重要作用。

【实验原理】

转氨酶或称氨基转移酶,是催化 α-氨基酸和 α-酮酸之间的氨基转移反应的一类酶。目前发现的转氨酶有很多种,其广泛存在于生物体内,其辅基均为磷酸吡哆醛,酶反应的最适pH 接近 7.4。在动物体中活力最强、分布最广的转氨酶有谷氨酸草酰乙酸转氨酶(简称谷草转氨酶,GOT)和谷氨酸丙酮酸转氨酶(简称谷丙转氨酶,GPT)。

GPT 又称丙氨酸氨基转移酶(ALT),在肝细胞中含量丰富,在血清中含量很少,活性很低。当肝组织受损时,大量的 GPT 逸入血液,使血清中的 GPT 活性升高。如急性肝炎时,血清中 GPT 活性明显上升。因此,血清中 GPT 活性在临床上可作为疾病诊断的指标之一。

GPT 催化的反应如下:

$$\text{丙氨酸}+\alpha\text{-酮戊二酸} \xrightleftharpoons[37℃]{GPT} \text{谷氨酸}+\text{丙酮酸}$$

丙酮酸可与 2,4-二硝基苯肼反应,生成丙酮酸二硝基苯腙,该物质在碱性溶液中显棕红色,可在波长 520nm 处进行比色,然后以同样处理的丙酮酸标准液做参照,计算出丙酮酸的含量。

血清中 GPT 的活性以"King 氏单位"表示,即 100mL 血清与足量的丙氨酸和 α-酮戊二酸在 37℃保温 1h,每生成 1μmol 丙酮酸称为 1 个 King 氏单位,据此计算出血清中谷丙转氨酶的活力单位数。

【试剂与器材】

1. 试剂

(1) 0.1mol/L 磷酸盐缓冲液(pH7.4):称取 $K_2HPO_4 \cdot 3H_2O$ 91.5g 和 KH_2PO_4 13.45g,溶于水,定容至 5L。

(2) GPT 基质液:称取 α-酮戊二酸 292mg 及丙氨酸 17.8mg 溶于 200mL pH 7.4 的磷酸盐缓冲液中,溶解后再加入缓冲液 700mL 并移入 1 000mL 容量瓶,再用缓冲液定容至 1 000mL,储存于冰箱中备用。

(3) 2,4-二硝基苯肼溶液:称取 2,4-二硝基苯肼 0.2g,先溶于 100mL 浓盐酸中(可加热助溶),再用蒸馏水稀释至 1 000mL,用棕色瓶保存。

（4）丙酮酸标准液（2μmol/mL）：称取丙酮酸钠 0.22g，溶解后转入 1 000mL 容量瓶中，再用 pH 7.4 磷酸盐缓冲液稀释至刻度。

2. 器材

烧杯、胶头滴管、容量瓶、玻璃棒、pH 试纸、电子天平、试管及试管架、移液管及洗耳球、分光光度计、恒温水浴锅等。

【**操作步骤**】

1. 标准曲线的制作

（1）取 6 支试管，标记后按表 4-13 加入溶液。

表 4-13　标准曲线制作各试管加样表　　　　　　　　单位：mL

试　剂	管号					
	1	2	3	4	5	6
pH 7.4 磷酸盐缓冲液	0.10	0.10	0.10	0.10	0.10	0.10
GPT 基质液	0.50	0.45	0.40	0.35	0.30	0.25
丙酮酸标准液	0	0.05	0.10	0.15	0.20	0.25

（2）混匀后，置 37℃ 水浴预温 10min，分别加入 2,4-二硝基苯肼溶液 0.5mL，混匀，保温 20min，各加 0.4mol/L NaOH 溶液 5mL，混匀，室温放置 30min。

（3）在 520nm 波长下，1 号管调零，用分光光度计测各管的吸光值。

（4）以丙酮酸的含量（μmol）为横坐标，以吸光值为纵坐标，绘制标准曲线。

2. GPT 活力测定

（1）取 3 支试管，标记后按表 4-14 加入溶液并操作。

表 4-14　GPT 活力测定各试管加样表　　　　　　　　单位：mL

试　剂	空白管	对照管	样品管
GPT 基质液	0.5	0.5	0.5
		37℃预温 20min	
pH 7.4 磷酸盐缓冲液	0.1	—	—
血清	—	—	0.1
		混匀后，37℃保温 1h	
2,4-二硝基苯肼溶液	0.5	0.5	0.5
血清	—	0.1	—
		混匀后，37℃保温 20min	
0.4mol/L NaOH 溶液	5	5	5

各管混匀，室温放置 30min。用分光光度计在 520nm 下，空白管调零，测各管的吸光值。

（2）用样品管的吸光值减去对照管的吸光值，得出吸光值之差。借助标准曲线，求出此值对应的丙酮酸微摩尔数。

（3）计算血清 GTP 活力。

【**注意事项**】

（1）制作标准曲线时，需加入一定量的 GTP 基质液（内含 α-酮戊二酸），以抵消由于 α-酮戊二酸与 2,4-二硝基苯肼反应生成 α-酮戊二酸苯腙的消光影响。

（2）为防止测定中造成的误差,加入少量液体最好用准确性较高的可调移液器代替移液吸管。

【思考题】

（1）要保证实验结果的准确性,应该注意哪些方面的操作?

（2）血清 GPT 的活性在临床诊断中有什么意义?

实验 16　糖酵解中间产物的鉴定

【实验目的】

（1）加深对糖酵解过程的认识。

（2）掌握糖酵解中间产物的鉴定方法和原理。

（3）了解用酶的专一性抑制剂研究代谢中间步骤的原理和方法。

【实验原理】

代谢是由一系列酶催化的多步骤反应。在代谢正常进行时,中间产物的浓度往往很低,不易分析鉴定。若加入某种酶的专一性抑制剂,则可使其中间产物积累,便于分析鉴定。3-磷酸甘油醛是糖酵解的中间产物,利用碘乙酸对 3-磷酸甘油醛脱氢酶的抑制作用,可使 3-磷酸甘油醛不再转化而大量积累,同时加入硫酸肼作稳定剂,用来保护 3-磷酸甘油醛使其不自发分解。然后用羰基试剂 2,4-二硝基苯肼与 3-磷酸甘油醛在偏碱性条件下反应,生成 3-磷酸甘油醛-2,4-二硝基苯腙,再加过量的氢氧化钠即形成棕色复合物,其棕色深度与 3-磷酸甘油醛含量成正比。反应过程如下:

$$
\begin{array}{c}
\text{CHO} \\
\text{HCOH} \\
\text{CH}_2\text{OPO}_3\text{H}_2
\end{array}
+ \text{H}_2\text{N—NH—}\!\!\!\!\bigcirc\!\!\!\!\begin{array}{c}\text{NO}_2\\ \text{NO}_2\end{array}
\xrightarrow{+\text{NaOH}}
\left[
\begin{array}{c}
\text{HOH} \\
\text{HC—N—NH—}\!\!\!\!\bigcirc\!\!\!\!\text{—NO}_2 \\
\text{CH—OH} \\
\text{CH}_2\text{OPO}_3\text{H}
\end{array}
\right]
\xrightarrow{-\text{H}_2\text{O}}
$$

$$
\begin{array}{c}
\text{HC=N—NH—}\!\!\!\!\bigcirc\!\!\!\!\begin{array}{c}\text{NO}_2\\ \text{NO}_2\end{array} \\
\text{HC—OH} \\
\text{CH}_2\text{OPO}_3\text{H}_2
\end{array}
\xrightarrow{+\text{NaOH}} \text{棕色复合物}
$$

【试剂和器材】

1. 试剂

（1）5%葡萄糖溶液:称取 5g 葡萄糖,溶于蒸馏水中,定容 100mL。

（2）5%三氯乙酸溶液:称取 5g 三氯乙酸,溶于蒸馏水中,定容 100mL,可加热促进溶解。

（3）0.002mol/L 碘乙酸溶液:称取 0.372g 碘乙酸,溶于蒸馏水中,定容 1 000mL。

（4）0.56mol/L 硫酸肼溶液:称取 7.28g 硫酸肼,溶于 100mL 蒸馏水中,这时不易全部溶解,当加入 NaOH 使 pH 达 7.4 时则完全溶解。

（5）0.75mol/L NaOH 溶液。

（6）2,4-二硝基苯肼溶液:称取 0.1g 2,4-二硝基苯肼,溶于 100mL 2mol/L HCl 溶液

中,贮于棕色瓶中备用。

2. 器材

天平、离心管、水浴锅、离心机、刻度吸管、玻璃棒、试管、电子天平、鲜酵母或干酵母等。

【操作步骤】

1. 加入试验试剂

取 3 支 10mL 离心管,编号,分别称取并加入干酵母 0.1g,再按表 4-15 加入各种试剂,加完后,每管中插入一支玻璃棒,搅匀,玻璃棒留在管中。

表 4-15　各试管加样一览表　　　　　　　　　　　单位:mL

试　剂	管号		
	1	2	3
5%三氯乙酸	1	0	0
0.002mol/L 碘乙酸	0.5	0.5	0
0.56mol/L 硫酸肼	0.5	0.5	0
5%葡萄糖	5	5	5

2. 保温和观察气泡

将上述三支离心管(连同玻璃棒)置于 37℃ 水浴中的试管架上保温 10～15min。观察各管的气泡生成量有何不同,为什么?

3. 补加试剂

在 2 号管和 3 号管中,按表 4-16 补加试剂。

表 4-16　补加试剂一览表　　　　　　　　　　　单位:mL

试　剂	管号	
	2	3
5%三氯乙酸	1	1
0.002mol/L 碘乙酸	0	0.5
0.56mol/L 硫酸肼	0	0.5

加完试剂后,用管中玻璃棒搅匀,取出玻璃棒,静置 10min。

4. 离心

将上述 3 支离心管中的反应液分别离心(离心前先平衡),然后留上清液备用。

5. 显色和观察结果

取 3 支 15mL 试管,编号,分别加入上述相应的上清液 0.5mL,并按表 4-17 加入各种试剂,并进行相应处理,每加完一种试剂,各管均要摇匀。最后,观察各管颜色深浅有无差异,哪管最深?哪管最浅?为什么?

表 4-17　显色观察加样一览表　　　　　　　　　　单位:mL

试　剂	管号		
	1	2	3
上清液(或滤液)	0.5	0.5	0.5
0.75mol/L 氢氧化钠溶液	0.5	0.5	0.5

续表

试 剂	管号		
	1	2	3
		室温放置 2min	
2,4-二硝基苯肼	0.5	0.5	0.5
		室温放置 5min	
0.75mol/L 氢氧化钠溶液	3.5	3.5	3.5

【注意事项】

(1) 本实验虽为定性鉴定,但在称重和量取体积时仍要求相对准确。

(2) 应随实验材料来源不同,摸索适宜的保温时间。

【思考题】

(1) 实验鉴定的是哪种中间产物?

(2) 实验中加入的葡萄糖、干酵母、三氯乙酸、碘乙酸、硫酸肼分别起什么作用?

(3) 实验中产生的气泡是什么气体? 它是如何产生的?

(4) 根据本实验的思路并结合已学过的生物化学知识设计类似的实验。

实验 17 琥珀酸脱氢酶的作用及其竞争性抑制的观察

【实验目的】

(1) 掌握琥珀酸脱氢酶的催化作用及其意义。

(2) 掌握酶的竞争性抑制作用原理及其特点。

【实验原理】

脱氢酶的作用在于激活并脱下底物上的氢,使之通过一系列传递体最后传给氧而生成水。在缺氧的条件下,适当的受氢体也可接受脱氢酶从底物上脱下的氢。因此,选用适当的受氢体便可以观察到脱氢酶的作用。

琥珀酸脱氢酶能使琥珀酸脱氢生成延胡索酸,并将脱下的氢交给受氢体。在体内,该酶可使琥珀酸脱下的氢进入 $FADH_2$ 呼吸链,通过一系列传递体最后传递给氧而生成水。当在缺氧的条件下用甲烯蓝(美蓝,蓝色物质)作为受氢体时,甲烯蓝被氢还原生成甲烯白(美白,无色物质),其反应如下:

根据这种蓝色转变为无色的变化过程,就可以判断出琥珀酸脱氢酶起了催化作用。

丙二酸的结构与琥珀酸相似,可与琥珀酸竞相结合琥珀酸脱氢酶的活性中心,从而抑制该酶的活性,是琥珀酸脱氢酶的竞争性抑制剂。这种抑制作用即属酶的竞争性抑制作用。

琥珀酸脱氢酶是三羧酸循环中一个重要的酶,测定细胞中有无琥珀酸脱氢酶活性可以初步鉴定三羧酸循环途径是否存在,同时其活性高低也反映出机体细胞呼吸功能状况以及细胞能量代谢状况。琥珀酸脱氢酶的活性检测在牛奶等级评定等生产实践中也具有重要意义。

【试剂及器材】

1. 试剂

(1) 质量浓度为 1.5% 琥珀酸钠溶液:称取 1.5g 琥珀酸钠,用蒸馏水溶解定容至 100mL。(若无琥珀酸钠,则可以用琥珀酸配成水溶液后,再用 NaOH 溶液中和至 pH 7~8)。

(2) 质量浓度为 1% 丙二酸钠溶液:称取丙二酸钠 1g,用蒸馏水溶解定容至 100mL。(若无丙二酸钠,则可以用丙二酸配成水溶液后,再用 NaOH 溶液中和至 pH 7~8)。

(3) 质量浓度为 0.02% 甲烯蓝溶液:称取次甲基蓝 0.02g,用蒸馏水溶解定容至 100mL。

(4) 1/15mol/L Na_2HPO_4 溶液:称取 $Na_2HPO_4 \cdot 12H_2O$ 23.7g,用蒸馏水溶解并定容至 1 000mL。

(5) 液体石蜡油、石英砂。

2. 器材

天平、离心机、恒温水浴锅、手术剪、研钵、酒精灯、离心管、试管、刻度吸管和滴管等。

【操作步骤】

(1) 猪心脏提取液的制备。

① 称取新鲜猪心脏 2g,避开结缔组织和脂肪组织,放置研钵中剪碎。

② 加入 1g 石英砂和 1/15mol/L Na_2HPO_4 溶液 4mL,然后将其研磨成匀浆。

③ 再加入 1/15mol/L Na_2HPO_4 溶液 4mL,放置 30min,不时摇动。

④ 将上述匀浆液转入离心管,以 2 000r/min 转速离心 10min,取上清液备用。

(2) 取 4 支试管,按表 4-18 进行编号加样。

表 4-18　各管加样情况一览表　　　　　　　　　单位:滴

管　号	心脏提取液	1.5%琥珀酸钠	1%丙二酸钠	蒸馏水	0.02%甲烯蓝
1	10	5	—	20	2
2	10(煮沸)	5	—	20	2
3	10	5	5	15	2
4	10	20	5	—	2

(3) 加好试剂后混匀,立即在各试管表面轻轻覆盖一层(5~10 滴)液体石蜡油。

(4) 将各管置 37℃ 恒温水浴中保温,30min 内观察各管颜色的变化。比较颜色变化的速度,并分析其原因。然后将第一支试管用力振摇,观察有何变化,记录并解释之。

【注意事项】

(1) 注意试剂的添加顺序,各管均是先添加第一种试剂,再依次加第 2、第 3、第 4 种试剂,即依表格中纵列的方向添加,以尽量保证各管反应时间的一致性。

(2) 各试管覆盖石蜡油前,一定要将其中的反应液充分混匀;覆盖石蜡油后,观察实验现象的过程中,切勿摇动,以免氧气漏入而影响管内溶液的颜色变化。

(3) 由于甲烯蓝容易被空气中氧所氧化,所以实验需在无氧条件下进行。例如,用液体石蜡(或琼脂)封闭反应液,可以造成无氧环境,从而不需用抽真空设备即可观察实验结果。

【思考题】

(1) 各管颜色变化快慢及程度有何不同?为什么?

(2) 酶的竞争性抑制作用原理是什么?用何种方法可解除或减弱竞争性抑制作用?

(3) 如需观察底物和抑制剂的浓度变化对酶活性的影响,应如何设计该实验?

实验18　大豆制品中脲酶活性的检测

【实验目的】

充分认识测定脲酶活性的生物学意义,理解其测定原理,掌握基本操作方法。

【实验原理】

胰蛋白酶抑制因子(TI)为小肽类分子,是大豆制品中最主要的抗营养因子。测定大豆制品中 TI 活性是评价大豆制品安全质量最主要的指标之一。TI 测定由于较为复杂,在生产检测中一般不单独测定。然而大豆中 TI 的含量和易于检测的脲酶含量非常相近,并且遇热变性失活的程度与抗胰蛋白酶极为相似,所以多采用测定脲酶活性强度来间接评价 TI 水平。

脲酶是植物和微生物中较为常见的蛋白质酶类。在大豆及其制品中,脲酶的活性较高。脲酶的主要功能是分解尿素生成二氧化碳和氨,因此用产氨量多少就可以表示脲酶活性的大小。常用的检测大豆及其制品中脲酶活性的方法有:①pH 增值测定法。根据尿素水解释放的氨使溶液 pH 升高的原理,将试样与含尿素的溶液一道培养 30min,测定试样与空白溶液的 pH 之差,间接表示产氨量的多少,由此推测脲酶活性的高低。②酚红测定法。含有脲酶的样品,室温下可将尿素分解成氨,使溶液 pH 值呈碱性,从而使酚红指示剂由黄变红(酚红指示剂在 pH 6.4~8.2 时由黄变红)。用眼观察显色变化来判断脲酶活性大小,间接反映出抗营养因子的活性水平。

一、 pH 增值测定法

【试剂与器材】

1. 试剂

Na_2HPO_4、NaH_2PO_4、晶体尿素(试剂均要求分析纯)和纯水。

(1) 0.2mol/L,pH 7.0 磷酸缓冲液:称取 $Na_2HPO_4 \cdot 2H_2O$ 21.722g(或 $Na_2HPO_4 \cdot 12H_2O$ 43.700g),溶于 300mL 纯水中,再称取 $NaH_2PO_4 \cdot 2H_2O$ 10.764g(或 $NaH_2PO_4 \cdot H_2O$ 12.171g),用 300mL 纯水配制。将两种溶液合并到容量瓶中,以纯水定容 1 000mL,摇匀备用。

如果 pH 不到 7.0,在定容前以 0.1mol/L 的 HCl 或 NaOH 调整到 pH 7.0。

(2) 尿素-缓冲液:称取晶体尿素 10g 溶于 500mL 上述磷酸缓冲液中,现配现用。

2. 器材

电子天平(感量 0.1mg)、恒温水浴锅、样品粉碎器(样品细度可达 60 目)、pH 计、刻度移液管(10mL)、计时器、洁净试管(配硅胶塞)、50mL 烧杯。

【操作步骤】

(1) 样品制备:取 10g 固体样品放在粉碎器中,采用多次、点式粉碎法(每次开机时间在 10s 以内),直到一定细度为止,装入广口瓶中待分析。

(2) 准确称取 2 份粉状样品 0.2g 分别放入试管中,各加尿素-缓冲液 10mL,加塞摇匀 10s(不可倒置),放入恒温水浴锅 30℃保温,计时 30min。隔 5min 后,另取 1 支试管加等量样品后,加无尿素的磷酸缓冲液 10mL,然后同上操作,作为空白对照组。

(3) 水浴过程中,各样品每隔 5min 摇匀一次。

(4) 水浴完成后取出试管,将反应后的上清液倒入洁净的小烧杯中,用事先准备好的 pH 计进行酸度测定。空白对照组的测定与上相同,但要求从出水浴锅到 pH 测定读数的时间与样本测定时间保持一致,以减少误差。

(5) 记录各组 pH 测定值。对重复样品要求实测值差应小于 0.03 个 pH 单位(熟制品)或 0.1 个 pH 单位(生制品)方为有效,然后取算术平均值,扣除空白 pH 值后即得最终测定结果,并以此作为脲酶活性评估的依据。

(6) 制作不同样品的实测原始数据表;给出不同样品 pH 最终结果和基本评判。

【注意事项】

(1) pH 计是主要的测量仪器,要求使用前预热稳定 30min。玻璃电极应在纯水中浸泡 24h 以上,并要防止污染。

(2) 测定步骤中的间隔时间要求各组保持一致。

二、　酚红测定法

【试剂与器材】

1. 试剂

95%乙醇、酚红、结晶尿素和纯水。

0.1%酚红指示剂　称取 0.05g 酚红溶于 50mL 的 95%乙醇中,存于试剂瓶中。

2. 器材

电子天平(感量 0.1mg)、样品粉碎器(样品细度可达 60 目)、恒温水浴锅、刻度移液管、计时器、洁净比色管、烧杯。

【操作步骤】

(1) 样品制备:取 10g 固体样品放在粉碎器中,采用多次、点式粉碎法(每次开机时间在 10s 以内),直到一定细度为止,装入广口瓶中待分析。

(2) 称取粉状样品 0.1g 或液体样品 5mL,分别放入比色管中,各加纯水到 25mL,再加酚红指示剂 1~2 滴,摇匀后分别加晶体尿素 20mg,加盖摇动直到尿素全部溶解后,放入水浴锅中 25℃保温,并开始计时,观察溶液颜色变化,直到目测反应液产生微红色止。

另取 1 支比色管加等量样品后,操作与上相同但不加尿素,作为空白对照组。

(3) 反应系统在一定时间内出现微红或明显粉红色,说明脲酶有活性,则样品中也会含有一定水平的抗营养因子。因此,针对不同样品所测时间,可依照表 4-19 对脲酶活性和样品 TI 水平做出基本评判。

表 4-19　脲酶活性强度与显色时间的关系

显色时间/min	0~1	1~2	2~5	5~8	8~15	15~30
酶活性强度	很强	较强	强	弱	很弱	忽略不计

（4）制作不同样品的实测时间原始数据表；给出不同样品最终评判结果。

【注意事项】

（1）粉碎样品时切忌产生高热，以免脲酶失活影响测定。

（2）样品要混合均匀，反应过程要把握好操作时间，以免产生误差。

（3）本法适用于各类大豆食品、加工半成品、饼粕类、豆粉等样品的现场快速抽检。

【思考题】

（1）测定脲酶的实际意义有哪些？

（2）本实验易于产生误差的主要原因有哪些？

第 **5** 章　维生素实验

实验 19　维生素 B_1 含量测定

【实验目的】

掌握荧光法测定维生素 B_1 的原理和方法。

【实验原理】

样品用酸水解使维生素 B_1（硫胺素）游离，维生素 B_1 经酶解、纯化后在碱性高铁氰化钾作用下定量氧化成具有蓝色荧光的硫色素，在激发波长 365nm、发射波长 435nm 处测定其荧光强度。在给定条件下，以及没有其他荧光物质干扰时，此荧光强度与硫色素的浓度成正比，即与硫胺素量成正比。为去除样品中干扰荧光测定的杂质，用经人造沸石吸附后再经洗脱所得的维生素 B_1 溶液测定荧光强度。

【试剂与器材】

1. 试剂

（1）乙酸钠：2mol/L 溶液。

（2）盐酸：0.1mol/L 溶液。

（3）溴甲酚绿 pH 指示剂：变色范围：pH 为 4.0（绿）～5.8（蓝）。0.1g 指示剂与 0.05mol/L 氢氧化钠溶液 2.8mL 在玛瑙乳钵中研磨溶解，以水稀释至 200mL。

（4）溴酚蓝 pH 指示剂：变色范围：pH 为 3.0（黄）～ 4.6（蓝）。0.1g 指示剂与 3mL 0.05mol/L 氢氧化钠溶液在玛瑙乳钵中研磨溶解，用水稀释至 250mL。

（5）高峰淀粉酶：10％溶液。

（6）氯化钾：25％溶液。

（7）酸性氯化钾溶液：每升氯化钾溶液中加入 8.5mL 浓盐酸。

（8）氢氧化钠：15％溶液。

（9）铁氰化钾：1％溶液。

（10）氧化剂：1％铁氰化钾溶液 1mL 用 15％氢氧化钠溶液稀释至 100mL，临用前配制。

（11）酸性乙醇：20％乙醇溶液用 0.1mol/L 盐酸溶液调节 pH 为 3.4～4.3。

（12）人造沸石：市售品要经活化处理。活化方法：将粒度 40～60 目的人造沸石置于烧杯中，加约 5 倍量的热水搅拌，静置后倾出上清液，弃去。重复此操作，直至上清液透明。接着加入 5 倍量的 3%乙酸溶液搅拌浸泡 10min，静置后倾出上清液，弃去，重复此操作 3 次。然后加入约 5 倍量热的酸性氯化钾溶液，在沸水浴中加热 25min，弃去上清液，加 3% 乙酸溶液洗涤两次后，用水反复洗至无氯离子为止（用硝酸银溶液检查）。将处理好的人造沸石浸没于水中保存。

（13）异丁醇。

（14）维生素 B$_1$ 标准溶液。

标准贮备液 100μg/mL：称取 50.0mg 维生素 B$_1$ 标准品于 500mL 棕色容量瓶中，用酸性乙醇稀释至刻度，置冰箱保存。

标准工作液 10μg/mL：取标准贮备液 10.0mL 用酸性乙醇定容至 100mL 棕色容量瓶中。

2. 器材

沸水浴锅、荧光分光光度计、培养箱、棕色具塞试管（25～40mL）、带塞锥形瓶（150mL）、人造沸石玻璃层析柱（60mL，300mm×10mm 内径）、绞肉机（孔径不超过 4mm）。

【操作步骤】

1. 样品制备

取瘦猪肉 200g，在绞肉机中至少搅拌两次使其混匀。称取 4～6g（精确至 0.01g）样品置于 100mL 具塞锥形瓶中，加入 0.1mol/L 盐酸 50mL，搅拌均匀，在沸水浴中水解 30min。

2. 酶解

水解液冷却后，用乙酸钠溶液调节 pH，用溴甲酚绿作为指示剂，调 pH 为 4.0～4.5。加入高峰淀粉酶溶液 5mL，混匀，在 45～50℃培养箱中保温 3h。取出冷却后，用 0.1mol/L 盐酸调整 pH 为 3.5 左右，用溴酚蓝指示剂在点滴板上检查。将溶液全部转移到 100mL 容量瓶中，用水稀释至刻度。摇匀，用滤纸过滤，取滤液备用。

3. 净化

层析柱可控制流速为 1mL/min。准备方法：将脱脂棉置于毛细管顶端防止沸石流出和控制溶液流速。把悬浮于水中的人造沸石倾入层析柱中，其高度约 10cm（约用 1.5g 人造沸石）。在吸附过程中液面要始终高于沸石表面，防止柱内有气泡。

取酶解滤液 25.0mL，注入人造沸石层析柱，层析柱流速控制在 1mL/min 左右，弃去流出液。用 3 份 5mL 近沸热水洗涤层析柱，弃去流出液。用 25mL 60～80℃热的酸性氯化钾溶液分 5 次洗脱维生素 B$_1$，收集于 25mL 容量瓶中，冷却后用酸性氯化钾溶液定容。混匀备用。

4. 氧化

取 2 支 40mL 具塞棕色试管，加入 1.5g 氯化钾或氯化钠，再加入净化后的样液 5.0mL。一支试管中加入氧化剂 3mL，立即旋摇试管，混匀，加入异丁醇 10mL 萃取，塞上塞子振摇 90s，静置分层。另一支试管作为空白对照，加入 15%氢氧化钠溶液 3mL，旋摇混匀，加入异丁醇 10mL 萃取，静置分层。

5. 测定

准备好荧光分光光度计，调节激光波长为 365nm，发射波长为 435nm，取异丁醇萃取液,置于比色皿中,测定氧化样品管中的荧光强度为 I,空白样品管中的荧光强度为 I_0。

取维生素 B_1 标准工作液 2.0mL,于 150mL 具塞锥形瓶中,同样按 1～5 操作步骤进行。氧化标准管中荧光强度为 Q,空白标准管中荧光强度为 Q_0。

6. 计算

按下式计算样品中维生素 B_1 的浓度:

$$X = (I - I_0)/(Q - Q_0) \times 20/m$$

式中:X 为试样维生素 B_1 的含量(mg/kg);I 为氧化样品管中的异丁醇液的荧光强度;I_0 为空白样品管中的异丁醇溶液的荧光强度;Q 为氧化标准管中的异丁醇溶液的荧光强度;Q_0 为空白标准管中的异丁醇溶液的荧光强度;m 为试样质量(g)。

当符合允许差规定的要求时,取两次测定结果的算术平均值作为结果。

【注意事项】

加入人造沸石要过量,保证维生素 B_1 的定量吸附。

【思考题】

(1) 哪些食物中含较多的维生素 B_1?

(2) 动物缺乏维生素 B_1 会出现什么症状?

实验 20　维生素 B_2 含量测定

【实验目的】

1. 掌握荧光法测定维生素 B_2 的原理及测定方法。

2. 了解维生素 B_2 的结构性质及生理功能。

【实验原理】

维生素 B_2(核黄素)在 440～500nm 波长光照射下发生黄绿色荧光。在稀溶液中其荧光的强度与维生素 B_2 的浓度成正比,当加入氧化剂连二亚硫酸钠后,样品中维生素 B_2 被还原成无荧光物质,然后再测定溶液中残余荧光杂质的荧光强度,两者之差即为样品中维生素 B_2 所产生的荧光强度。

【试剂与器材】

1. 试剂

(1) 连二亚硫酸钠($Na_2S_2O_4$)。

(2) 0.1mol/L HCl 溶液。

(3) 1mol/L HCl 溶液。

(4) 0.1mol/L NaOH 溶液。

(5) 维生素 B_2 标准液(0.5μg/mL):准确吸取 1mL 维生素 B_2 贮备液(25μg/mL),用水稀释至 50mL,用时现配。

2. 器材

荧光光度计、100mL 容量瓶、高压灭菌锅。

【操作步骤】

1. 样品处理

称取牛奶 5～10g(或匀浆后的菠菜,含维生素 B_2 5～10μg 为宜)于 100mL 锥形瓶中,加入 0.1mol/L 盐酸 50mL,充分摇匀,塞好瓶塞,放置灭菌锅中处理 30min,冷却至室温后,用 0.1mol/L 氢氧化钠调整 pH 至 6.0~6.5。立即用 1mol/L 盐酸调 pH 为 4.5,即可使杂质沉淀。将此液移至 100mL 容量瓶中,加蒸馏水定容,过滤。

2. 测定

取 4 支试管,其中 2 支分别加入 10mL 滤液和 1mL 蒸馏水,另 2 支分别加入 10mL 滤液和 1mL 核黄素标准液(0.5 μg/mL),在激发波长为 440nm、发射波长为 525nm 处分别测定荧光读数。测量后在各管剩余液中加入少量 $Na_2S_2O_4$(20mg),立即混匀,在 20s 内进行测定,其值作为各自空白值。

维生素 B_2(mg/100g) $= [(A-C)/(B-A)] \times d \times (100/10)/m \times (100/1\,000)$

式中:d 为标准液维生素 B_2 质量(mg);m 为样品质量(g);A 为滤液加水的荧光读数;B 为滤液加维生素标准液的荧光读数;C 为滤液加连二亚硫酸钠后的荧光读数;100/10 为取样比例;100 和 1 000 为换算系数。

【注意事项】

(1) 维生素 B_2 在碱性溶液中不稳定,加 0.1mol/L 氢氧化钠时应边加边摇,防止局部碱度过大,破坏维生素 B_2。

(2) 样品提取液中如有色素,会吸收部分荧光,可用高锰酸钾氧化以除去色素。

(3) 维生素 B_2 不易被中等氧化剂或还原剂破坏,但有 Fe^{2+} 存在时,维生素 B_2 容易被过氧化氢所破坏。

【思考题】

(1) 哪些食物中含较多的维生素 B_2?

(2) 动物缺乏维生素 B_2 会出现什么症状?

(3) 荧光法测定维生素 B_2 应注意哪些事项?

实验 21   维生素 A 含量测定

【实验目的】

(1) 了解三氯化锑比色法测定维生素 A 的原理。

(2) 掌握比色法测定维生素 A 的操作步骤。

【实验原理】

维生素 A 在三氯甲烷中与三氯化锑相互作用,产生蓝色可溶性络合物,它在 620nm 波长有最大吸收峰,吸光度与溶液中维生素 A 含量在一定范围内成正比。生成的蓝色络合物稳定性差,比色测定必须在较短时间(6s)内完成。

【试剂与器材】

1. 试剂

(1) 无水硫酸钠(Na_2SO_4)。

(2) 乙酸酐。

(3) 乙醚,不含有过氧化物。

(4) 无水乙醇,不含有醛类物质。

(5) 三氯甲烷,应不含分解物,否则会破坏维生素 A。

（6）25％三氯化锑-三氯甲烷溶液：用三氯甲烷配制 25％三氯化锑溶液,储于棕色瓶中。

（7）质量浓度为 50％氢氧化钾溶液（KOH）。

（8）维生素 A 标准液：视黄醇（纯度 85％）用脱醛乙醇溶解维生素 A 标准品,使其浓度约为 1mL,相当于 1mg 视黄醇。临用前用紫外分光光度法标定其准确浓度。

（9）酚酞指示剂：用 95％乙醇配制 1％溶液。

本实验所用试剂皆为分析纯,所用水皆为蒸馏水。

2．器材

分光光度计、回流冷凝装置。

【**操作步骤**】

1．样品处理

精确称 2～5g 动物肝脏,放入盛有 3～5 倍样品质量的无水硫酸钠的研钵中,研磨至样品中水分完全被吸收并均质化。

小心地将全部均质化样品移入带盖的三角瓶内,加入 50～100mL 乙醚。用力振摇 2min,使样品中维生素 A 溶于乙醚中。静置 1～2h,使其自行澄清（因乙醚易挥发,气温高时应在冷水浴中操作。装乙醚的试剂瓶也应事先置于冷水浴中）。

取提取乙醚液 2～5mL,放入比色管中,在 70～80℃水浴上抽气蒸干,立即加入 1mL 三氯甲烷溶解残渣。

2．标准曲线的准备

将维生素 A 标准液用氯仿稀释成不同浓度的标准系列（如 10、20、30、40、50、60、70、80、90、100IU/mL）。再取相同数量比色管,顺次取 1mL 三氯甲烷和 1mL 标准液,各管加入乙酸酐 1 滴,制成标准比色系列。在 620nm 波长处,用三氯甲烷调节吸光度至零点,将标准比色系列按顺序移入光路前,迅速加入 9mL 三氯化锑-三氯甲烷溶液,于 6s 内测定吸光度,以吸光度为纵坐标,以维生素 A 含量为横坐标绘制标准曲线图。

3．样品测定

在一比色管中加入 1mL 三氯甲烷,加入 1 滴乙酸酐为空白液。另一比色管中加入 1mL 样品溶液及 1 滴乙酸酐。其余步骤与标准曲线的制备相同。

4．实验结果与数据处理

$$X = \frac{c}{m} \times V \times \frac{100}{1\,000}$$

式中：X 为样品中含维生素 A 的量（mg/100g）（每 1U＝0.3μg 维生素 A）；c 为由标准曲线上查得样品中含维生素 A 的含量（μg/mL）；m 为样品质量（g）；V 为提取后加三氯甲烷定量的体积（mL）；100 为以每百克样品计。

【**注意事项**】

（1）实验所用仪器和试剂必须干燥,加入乙酸酐是为了吸收混入反应液中的微量水分。

（2）凡接触过三氯化锑的玻璃仪器需先用 10％HCl 浸泡,再用水冲洗。

（3）维生素 A 极易被光破坏,实验操作应在微弱光线下进行。

【**思考题**】

（1）维生素 A 的生理功能是什么？

（2）除比色法外,测定维生素 A 的其他方法还有哪些？

实验 22   维生素 C 含量测定

【实验目的】

掌握用 2,6-二氯酚靛酚法测定维生素 C 的原理和方法。

【实验原理】

氧化型 2,6-二氯酚靛酚在碱性溶液中呈蓝色,在酸性溶液中呈红色,被还原后变为无色。用 2,6-二氯酚靛酚滴定含有维生素 C 的酸性溶液时,在维生素 C 尚未全部被氧化时,滴下的染料立即使溶液变成无色,当溶液中的维生素 C 全部被氧化成脱氢维生素 C 时,滴入的 2,6-二氯酚靛酚立即使溶液呈现淡红色。根据滴定标准维生素 C 和样品溶液时 2,6-二氯酚靛酚的消耗量,即可计算出还原型维生素 C 的含量。

【试剂与器材】

1. 试剂

(1) 0.02%的 2,6-二氯酚靛酚溶液:称取 200mg 2,6-二氯酚靛酚溶于 500mL 含有 104mg 碳酸氢钠的热水中,冷却后用蒸馏水稀释至 1 000mL,滤去不溶物,储存于棕色瓶中。4℃冷藏可稳定 1 周,临用前以标准维生素 C 标定。

(2) 2%乙二酸(草酸)溶液。

(3) 0.1mg/mL 维生素 C 标准溶液:精确称取 10mg 纯维生素 C (应为洁白色,如变为黄色则不能用),用 2%乙二酸溶液溶解并定容至 100mL。此溶液应储存于棕色瓶中,最好现配现用。

2. 器材

天平、研钵、微量滴定管(5mL)、容量瓶(50mL)、刻度吸管(5mL、10mL)、三角瓶(100mL)。

【操作步骤】

1. 2,6-二氯酚靛酚溶液的标定

准确吸取 1mL 维生素 C 标准液于 100mL 三角瓶中,加入 9mL 2%乙二酸溶液,用 2,6-二氯酚靛酚滴定至淡红(15s 内不褪色即为终点)。记录所用染料的体积,计算出 1mL 染料溶液所能氧化维生素 C 的量。

2. 样品中维生素 C 的提取

取新鲜水果(如橘子)6g 加入 5mL 2%乙二酸溶液,用研钵研磨成匀浆,转入 50mL 的容量瓶中,用 2%的乙二酸反复洗涤研钵,合并滤液,用 2%的乙二酸定容至刻度。静置 10min,过滤。

3. 样品滴定

准确吸取 10mL 样品提取液两份,分别放入两个 100mL 三角瓶中,滴定方法与步骤 1 中的操作相同。另取 10mL 2%乙二酸做空白对照滴定,记录消耗染料的体积。

4. 结果计算

取两份样品滴定所耗用染料体积的平均值,代入下式计算 100g 样品中还原型维生素 C 的含量。

$$维生素 C(mg/100g) = \frac{(V_1 - V_2) \times K \times V}{W \times V_3} \times 100$$

式中：V_1 表示滴定样品所耗用的染料的平均毫升数；V_2 表示滴定空白对照所耗用染料的平均毫升数；V 表示样品提取液的总毫升数；V_3 表示滴定时所取样品提取液的毫升数；K 表示 1mL 染料所能氧化维生素 C 的量(mg)(可由步骤 1 计算得到)；W 表示待测样品的质量(g)。

【注意事项】

(1) 用本法测定维生素 C 含量虽简便易行,但有下述缺点:第一,本法只能测定还原型维生素 C,不能测出具有同样生理功能的氧化型维生素 C 和结合型维生素 C。第二,样品中的色素经常干扰对终点的判断,虽可预先用白陶土脱色,或加入 2～3mL 二氯乙烷,以二氯乙烷层变红为终点,但实际上仍难免产生误差。

(2) 用 2％乙二酸制备提取液,可有效地抑制维生素 C 氧化酶,以免维生素 C 变为氧化型而无法滴定,而浓度 1％以下的乙二酸则无此作用。

(3) 如样品中有较多亚铁离子(Fe^{2+})时,Fe^{2+} 可使染料还原而影响测定,这时应改用 8％乙酸代替乙二酸制备样品提取液。此时 Fe^{2+} 不会很快与染料起作用。

(4) 如样品浆状物泡沫过多,可加几滴辛醇或丁醇消泡。

(5) 市售的 2,6-二氯酚靛酚质量不一,以标定 0.4mg 维生素 C 消耗 2mL 左右的染料为宜,可根据标定结果调整染料溶液浓度。

(6) 在样品提取制备和滴定过程中,避免阳光照射和与铜、铁器具接触,以免破坏维生素 C。

(7) 滴定过程宜迅速,一般不超过 2min。样品滴定消耗染料 1～4mL 为宜,如超出此范围,应增加或减少样品提取液的用量。

(8) 提取的浆状物如不易过滤,也可进行离心收集上清液。

【思考题】

(1) 要测得准确的维生素 C 值,实验过程中应注意哪些操作步骤？为什么？

(2) 在测定过程中,样品的乙二酸提取液为什么不能暴露在光下？

(3) 简述维生素 C 的生理意义。

实验 23 维生素 D 含量测定

【实验目的】

(1) 熟悉高效液相色谱的原理及分析方法。

(2) 掌握高效液相色谱测定维生素 D 的方法。

【实验原理】

色谱技术是分离、分析的重要技术手段,其分离机制是待分离组分的分子与流动相分子争夺吸附剂的能力有差别,因此二者得以分离。高效液相色谱法是将现代高压技术与传统的液相色谱方法相结合,加上高效柱填充物和高灵敏检测器所发展起来的新型分离分析技术,具有适用范围广、分离效率高、灵敏度高等优点。

样品中维生素 D_2 或维生素 D_3,经氢氧化钾乙醇溶液皂化、提取、净化、浓缩后,用正相高效液相色谱半制备,反相高效液相色谱 C_{18} 柱分离,经紫外或二极管阵列检测器检测,波长 254nm。

【试剂与器材】

1. 试剂

(1) 正己烷。

(2) 2,6-二叔丁基对甲酚(BHT)。

(3) 无水乙醇。

(4) 抗坏血酸。

(5) 50%氢氧化钾溶液。

(6) 无水硫酸钠。

(7) 甲醇。

(8) 石油醚。

(9) 正己烷-环己烷溶液:量取 8mL 异丙醇,加入 992mL 正己烷中,混匀,超声脱气备用。

(10) 甲醇-水溶液:量取 50mL 水,加入 950mL 甲醇中,混匀,超声脱气备用。

(11) 维生素 D_2 标准储备液:准确称取维生素 D_2 10.0mg,用色谱纯无水乙醇溶解并定容至 100mL 棕色试剂瓶中,使其浓度约为 $100\mu g/mL$。

(12) 维生素 D_3 标准储备液液:准确称取维生素 D_3 10.0mg,用色谱纯无水乙醇溶解,并定容至 100mL 棕色试剂瓶中,使其浓度约为 $100\mu g/mL$。

(13) 维生素 D_2 标准中间使用液:准确吸取维生素 D_2 标准储备液 10.0mL,用流动相稀释并定容至 100mL 棕色试剂瓶中,使其浓度约为 $10\mu g/mL$。

(14) 维生素 D_3 标准中间使用液:准确吸取维生素 D_3 标准储备液 10.0mL,用流动相稀释并定容至 100mL 棕色试剂瓶中,使其浓度约为 $10\mu g/mL$。

(15) 维生素 D_2 标准使用液:准确吸取维生素 D_2 标准中间使用液 10.00mL,用流动相稀释并定容至 100mL 的棕色容量瓶中,浓度约为 $1.00\mu g/mL$。

(16) 维生素 D_3 标准使用液:准确吸取维生素 D_3 标准中间使用液 10.00mL,用流动相稀释并定容至 100mL 的棕色容量瓶中,浓度约为 $1.00\mu g/mL$。

(17) 标准系列溶液配制:当用维生素 D_2 做内标测定维生素 D_3 时,分别准确吸取维生素 D_3 标准中间使用液 0.50mL、1.00mL、2.00mL、4.00mL、6.00mL、10.00mL 于 100mL 棕色容量瓶中,各加入维生素 D_2 标准中间使用液 5.00mL,用甲醇定容至刻度混匀。标准系列工作液浓度分别为 $0.05\mu g/mL$、$0.10\mu g/mL$、$0.20\mu g/mL$、$0.40\mu g/mL$、$0.60\mu g/mL$、$1.00\mu g/mL$。

当用维生素 D_3 做内标测定维生素 D_2 时,分别准确吸取维生素 D_2 标准中间使用液 0.50mL、1.00mL、2.00mL、4.00mL、6.00mL、10.00mL 于 100mL 棕色容量瓶中,各加入维生素 D_3 标准中间使用液 5.00mL,用甲醇定容至刻度混匀。标准系列工作液浓度分别为 $0.05\mu g/mL$、$0.10\mu g/mL$、$0.20\mu g/mL$、$0.40\mu g/mL$、$0.60\mu g/mL$、$1.00\mu g/mL$。

2. 器材

高效液相色谱仪、硅胶柱(柱长 250mm,内径 4.6nm,粒径 $5\mu m$)、C18 柱(柱长 250mm,内径 4.6nm,粒径 $5\mu m$)、磁力搅拌器、分液漏斗、电子天平、紫外分光光度计、氮吹仪、恒温水浴锅等。

【操作步骤】

1. 样品处理

准确称取混合均匀的脱脂奶粉约 5g 于 250mL 平底烧瓶中,加入 25mL 温蒸馏水使其充分溶解,加入 1.00mL 内标使用液(如测定维生素 D_2 用维生素 D_3 做内标;如测定维生素 D_3 用维生素 D_2 做内标),再加入 1.0g 抗坏血酸和 0.1g BHT,混合均匀。加无水乙醇 30mL,再加入 50% 氢氧化钾溶液 15mL,边加边振摇,混匀后于恒温磁力搅拌器上 80℃ 回流皂化 30min,皂化后用冷水冷却至室温(注:如果是含淀粉样品,在加入 1.0g 抗坏血酸和 0.1gBHT 之前,需加入 1g 淀粉酶,放入 60℃ 恒温水浴振荡 30min)。

将皂化液用 30mL 水转入 250mL 分液漏斗中,加入 50mL 石油醚,震荡萃取 5min,将下层溶液转移至另一 250mL 的分液漏斗中,加入 50mL 的石油醚再次萃取,合并醚层。用约 150mL 水洗涤醚层,需重复 3 次,直至将醚层洗至中性(可用 pH 试纸检测下层溶液 pH),去除下层水相。

将洗涤后的醚层经无水硫酸钠(约 3g)滤入 250mL 旋转蒸发瓶中,用约 15mL 石油醚冲洗分液漏斗及无水硫酸钠 2 次,并入旋转蒸发瓶中,于 40℃ 水浴中减压蒸馏,待瓶中醚剩下约 2mL 时,取下蒸发瓶,用氮吹仪吹干,用正己烷定容至 2mL,用 0.22μm 有机滤膜过滤为待测液。

2. 待测液净化

半制备正相高效液相色谱参考条件:色谱柱(硅胶柱,250mm×4.6mm),流动相(环己烷-正己烷),流速(1mL/min),波长(264nm),柱温(35±1)℃,进样量(500μL)。

取约 1.00mL 维生素 D_2 和 D_3 标准中间使用液于 10mL 具塞试管中,在氮吹仪上吹干,残渣用 10mL 正己烷振荡溶解。取该溶液 100μL 注入液相色谱仪中测定,确定维生素 D 保留时间。然后将 500μL 待测液注入液相色谱仪中,根据维生素 D 标准溶液保留时间,收集维生素 D 馏分于试管中,用氮气仪吹干后,准确加入 1.0mL 甲醇,振荡溶解后即为标准测定液。

3. 样品测定

反相高效液相色谱参考条件:色谱柱(C_{18} 柱,250mm×4.6mm),流动相(甲醇＋水),流速(1mL/min),波长(264nm),柱温(35±1)℃,进样量(100μL)。

分别将维生素 D_2 和 D_3 标准系列工作液注入反向液相色谱仪中,得到维生素 D_2 和维生素 D_3 峰面积。用二者峰面积比为纵坐标,以维生素 D_2 或 D_3 标准工作液浓度为横坐标绘制标准曲线。

吸取维生素 D 标准待测液 100μL,注入反向液相色谱仪中,得到待测物与内标物的峰面积比值,根据标准曲线得到待测液中维生素 D_2 或维生素 D_3 浓度。

4. 结果计算

样品中维生素 D_2 或维生素 D_3 按下式计算:

$$X = (\rho \times V \times f \times 100)/m$$

式中: X 为样品中维生素 D_2 和维生素 D_3 的含量,单位为 μg/100g;ρ 为根据标准曲线计算得到的待测液维生素 D_2 和维生素 D_3 的浓度,单位为 μg/mL;V 为正己烷定容体积,单位为 mL;f 为待测液稀释过程稀释倍数;m 为样品称样量,单位为 g。

【注意事项】

（1）应在半暗室中及避免氧化的情况下测定维生素 D 含量。

（2）无维生素 A 醇及其他杂质干扰的样品和有干扰样品的测定方法有差异。

（3）样品处理时，如果皂化不完全，可适当增加碱的加入量。

（4）固体样品须经粉碎、均质化处理。

【思考题】

脂溶性维生素的种类有哪些？其常见缺乏症是什么？

第 6 章　核 酸 实 验

实验 24　动物肝脏中 DNA 的提取

【实验目的】

（1）学习用浓盐法提取 DNA 的原理，掌握从动物组织中提取 DNA 的方法。

（2）了解核酸的性质。

【实验原理】

核酸和蛋白质是构成生物有机体的主要成分，在细胞中 DNA 与蛋白质形成脱氧核糖核蛋白。核酸分为 DNA 和 RNA，DNA 主要存在细胞核中，RNA 主要存在于核仁及胞质中。在制备核酸时应防止过酸、过碱或其他能引起其降解的因素，必要时还要加入 DNA 酶抑制剂。

在低浓度的 NaCl 溶液中，动物 DNA 核蛋白的溶解度很低，当 NaCl 浓度达到 0.14mol/L 时，DNA 核蛋白几乎不溶，其溶解度约为纯水中溶解度的 1%。然而，当 NaCl 浓度增至 1.0mol/L 时，DNA 核蛋白的溶解度很大，约为纯水中溶解度的 2 倍。因此，可用氯化钠溶液分离得到 DNA 核蛋白。分离过程中加入少量柠檬酸钠，可抑制 DNA 酶对 DNA 的水解作用。抽提得到的脱氧核糖核蛋白经 SDS（十二烷基硫酸钠）处理后，DNA 即与蛋白质分离开，再用氯仿将蛋白质沉淀除去，最后用冷乙醇将 DNA 析出，从而获得纯化的 DNA。在氯仿中加入少量异戊醇能减少操作过程中泡沫的产生，并有助于不同相分离，使离心后的上层水相、中层变性蛋白、下层有机溶剂相维持稳定。

在酸性条件下，DNA 和二苯胺在沸水浴中共热 10min，DNA 嘌呤核苷酸上的脱氧核糖遇酸生成酮基戊醛，酮基戊醛再和二苯胺作用产生蓝色物质。

【试剂与器材】

1. 试剂

（1）0.1mol/L 氯化钠-0.05mol/L 柠檬酸钠缓冲溶液。

（2）氯仿-异戊醇混合液（体积比为 20∶1）。

（3）5% SDS：称取 5g SDS，溶于 100mL 45% 乙醇。

(4) 95％乙醇。

(5) 二苯胺试剂。

(6) 固体 NaCl。

2. 器材

动物肝脏、匀浆器、吸量管、移液器、离心机、试管、烧杯、玻璃棒等。

【操作步骤】

(1) 称取动物肝脏 4g,用剪刀剪碎,放入匀浆器研磨,然后加入 0.1mol/L 氯化钠-0.05mol/L 柠檬酸钠缓冲溶液 6mL,装在 10mL 的离心管中。将匀浆物以 4 000r/min 转速离心 10min。

(2) 把上述沉淀转入 50mL 大试管中,依次加入 6mL 氯化钠-柠檬酸钠缓冲溶液、3mL 氯仿-异戊醇混合液、0.5mL SDS。用力手摇 15min,然后缓慢加入事先在研钵中研成粉末的固体 NaCl 0.55g,使其终浓度为 1mol/L。慢摇 5min,使氯化钠充分溶解。

(3) 将上述混合溶液以 4 000r/min 转速离心 15min,即得如图 6-1 所示含水相、变性蛋白层和有机溶剂相的分相状态。用移液器吸取上清水相并量体积,然后倒入 50mL 烧杯中,加入等体积冷 95％乙醇,边加边用玻璃棒朝一个方向慢慢搅动直至溶液澄清,将 DNA 凝胶缠绕在玻璃棒上,用滤纸吸去多余的乙醇但不要让样品过分干燥,即得 DNA 粗品。用蒸馏水溶解至 10mL。

——水相（含DNA钠盐）

——变性蛋白层

——有机溶剂相

图 6-1　DNA 提取分层实物图

(4) 显色反应:取上述反应物 2mL 加入二苯胺试剂 2mL 放沸水浴显色,观察颜色。

【注意事项】

(1) 在制备肝匀浆液时,应尽量在冰冷条件下进行,并尽快加入含 0.1mol/L 氯化钠的 0.05mol/L 柠檬酸钠缓冲溶液,以抑制 DNA 酶,防止 DNA 分解,从而提高 DNA 的提取量。

(2) 固体 NaCl 应磨碎分批慢慢加入,且边加边摇,避免局部浓度过高或未及时溶解而沉入氯仿层。

(3) 变性蛋白质层易分散,吸取上清液时应小心,不要将蛋白质及下层的氯仿吸入。

【思考题】

(1) 如何判断提取的 DNA 纯度?

(2) 分离纯化 DNA 时通常用什么试剂?

(3) 在 DNA 提取过程中,乙醇的作用是什么? 为什么用预冷的乙醇效果更好?

实验 25　全血基因组 DNA 的提取

【实验目的】

(1) 掌握 DNA 制备的原理和方法。

(2) 熟悉 DNA 制备过程中应注意的事项。

【实验原理】

DNA 是所有生物体的基本组成物质,真核生物 DNA 主要存在于细胞核中,以核蛋白的形式存在,因此制备 DNA 时必须先粉碎组织,裂解细胞膜和核膜,核蛋白才能释放出来。再除去蛋白质、脂类、糖类和 RNA 等物质,得到纯化的 DNA。其原则是既要将蛋白质、脂类、糖类等物质分离干净,又要保持 DNA 分子的完整性。

在提取 DNA 的反应体系中,SDS(十二烷基硫酸钠)破坏细胞膜和核膜(溶解膜蛋白),使蛋白质变性,将核蛋白中的 DNA 与蛋白质分开,并抑制细胞中 DNA 酶(Dnase)的活性。蛋白酶 K 可降解所有的蛋白,抑制 DNA 酶的降解作用,使 DNA 分子尽量完整地分离出来。

本实验采用离心柱试剂盒提取 DNA,独特的结合液 CB 和蛋白酶 K 能迅速裂解细胞和灭活细胞内的核酸酶,之后基因组 DNA 被异丙醇沉淀出来,被选择性吸附于离心柱内硅基质膜上,再通过一系列快速的漂洗—离心步骤,用抑制物去除液和漂洗液将细胞代谢物、蛋白质等杂质去除,最后用洗脱缓冲液将基因组 DNA 从硅基质膜上洗脱下来,获得 DNA 产物。

应对提取出的 DNA 制品的浓度和纯度进一步加以鉴定。DNA 提取产物可用于基因诱变、DNA 克隆及 DNA 测序、PCR 扩增等。

【试剂与器材】

1. 试剂

(1) 全血基因组 DNA 提取试剂盒(以北京百泰克公司试剂盒为例):包含吸附柱 AC、缓冲液 BB、结合液 CB、异丙醇、抑制物去除液 IR、漂洗液 WB、洗脱缓冲液 EB。

(2) 抗凝剂 ACD:称取柠檬酸 0.48g、柠檬酸钠 1.32g、葡萄糖 1.47g,用蒸馏水溶解,定容至 100mL,高压灭菌后备用。一般 20mL 新鲜血液中加入 3.5mL ACD 抗凝剂,比例依此类推。

(3) 蛋白酶 K 应用液:称取蛋白酶 K 0.1g,灭菌双蒸水溶解后定容至 5mL,配制成 20mg/mL 的应用液。

2. 器材

高压灭菌锅、高速离心机、冰箱、水浴锅、旋涡混合器、微量可调移液器及灭菌吸头、灭菌 1.5mL 塑料离心管等。

【操作步骤】

以 200μL 全血提取举例。

(1) 取 200μL 新鲜、冷冻或加入各种抗凝剂的血液,放入 1.5mL 离心管(如果全血起始量小于 200μL,则用缓冲液 BB 补足至 200μL;如果起始量介于 200～300μL,则后序操作需要按照比例增加试剂用量;如果起始量介于 300μL～1mL,则需要先进行红细胞裂解操作)。

(2) 加入 200μL 结合液 CB,立刻颠倒轻摇,充分混匀,再加入 20μL 蛋白酶 K(20mg/mL),颠倒轻摇充分混匀,70℃放置 10min,每隔 2min 颠倒混匀几次,之后溶液应变清亮,颜色偏黑色。

(3) 加入 100μL 异丙醇,颠倒摇动以混匀溶液,此时可能会出现絮状沉淀。上述操作步骤予适当力度混匀非常重要,混匀不充分严重降低产量,必要时(如样品黏稠不易混匀时)可旋涡振荡 15s 混匀,但不可剧烈振荡,以免剪切 DNA。之后在 4℃条件下冷却 5～10min。

(4) 将上一步所得溶液和絮状沉淀都加入一个吸附柱 AC 中(吸附柱放入收集管中),

10 000r/min 转速离心 30s,倒掉收集管中的废液。

(5) 加入 500μL 抑制物去除液 IR,以 12 000r/min 转速离心 30s,弃废液。

(6) 加入 700μL 漂洗液 WB,以 12 000r/min 转速离心 30s,弃废液。

(7) 加入 500μL 漂洗液 WB,以 12 000r/min 转速离心 30s,弃废液。

(8) 将吸附柱 AC 放回空收集管中,以 13 000r/min 转速离心 2min,尽量去除漂洗液,以免漂洗液中残留乙醇抑制下游反应。

(9) 取出吸附柱 AC,放入一个干净的 1.5mL 离心管中,在吸附膜的中间部位加 100μL 洗脱缓冲液 EB 洗脱(缓冲液事先在 65~70℃水浴中预热),室温放置 3~5min,以 12 000r/min 转速离心 1min。收集离心得到的液体,将所得的溶液重新加入离心吸附柱中,室温放置 2min,以 12 000r/min 转速离心 1min,得到 DNA 溶液。

(10) 取部分 DNA 并用琼脂糖凝胶电泳鉴定。其余 DNA 溶液可以在 2~8℃条件下存放,如果要长时间存放,可以在 −20℃条件下存放。

【注意事项】

(1) 异丙醇、漂洗液 WB、抑制物去除液 IR 实验前应置于 4℃冰箱保存。

(2) 洗脱缓冲液 EB 使用前应置于 70℃水浴锅中预温。

(3) 转移 DNA 时不要用吸头反复吹吸,混匀不可太剧烈。

【思考题】

(1) 如何才能获得尽可能完整的基因组 DNA?

(2) 提取的 DNA 有哪些用途?

(3) 如实验中未获得 DNA 产物,可能的原因有哪些?

实验 26 酵母 RNA 的提取、组分鉴定及含量测定

【实验目的】

(1) 掌握稀碱法分离酵母 RNA 的原理与操作过程。

(2) 学习紫外分光光度法测定核酸含量的原理和操作方法。

(3) 了解 RNA 的组分并掌握定性鉴定的具体方法。

【实验原理】

核酸是由核苷酸或脱氧核苷酸通过 $3',5'$-磷酸二酯键连接而成的一类生物大分子,包括核糖核酸(RNA)和脱氧核糖核酸(DNA)两类。核酸经水解可以获得碱基、磷酸、核糖或脱氧核糖等产物。在还原剂作用下,磷酸可与定磷试剂生成钼蓝,核糖与苔黑-$FeCl_3$ 作用后显示鲜绿色,脱氧核糖与二苯胺作用后显示蓝色,这些显色反应可分别用来对磷酸、核糖和脱氧核糖进行定性、定量检测。另外,嘌呤碱可与 $AgNO_3$ 生成嘌呤银化合物白色絮状沉淀,可用此反应来定性测定嘌呤碱是否存在。

核酸的水解可分为化学水解和酶促水解,化学水解又可分为酸水解和碱水解。DNA 对碱稳定,所以一般用酸水解 DNA,可得到碱基、脱氧核糖和磷酸。由于 RNA 存在 $2'$-OH,它使磷酸二酯键对碱不稳定,碱水解可获得单核苷酸;在酸水解条件下,可获得嘌呤碱基、嘧啶碱基、核糖和磷酸。

酵母中的核酸主要是 RNA(2.67%~10.0%),DNA 含量低(0.03%~0.52%),且菌体

易收集,RNA 易被分离。从酵母中提取 RNA 的方法很多,常用的有稀碱法和浓盐法。前者是利用稀碱使细胞壁溶解,这种方法提取时间短,但是在此条件下 RNA 不稳定,易分解;后者是在加热条件(90～100℃)下,利用高浓度盐(如 10% NaCl)改变细胞膜的通透性,使RNA 释放出来。本实验主要目的是对核酸组分进行鉴定,对 RNA 稳定性要求不严格,故采用稀碱法。

【试剂和器材】

1. 试剂

(1) 95%乙醇、5%$AgNO_3$、6mol/L CH_3COOH(HAc)、0.2%NaOH、10%H_2SO_4、6%氨水等。

(2) 苔黑-$FeCl_3$。

A 液:将 10mg $FeCl_3 \cdot 6H_2O$ 溶于 6mL 水中,加 94mL 浓盐酸。

B 液:6%苔黑(5-甲基间苯二酚)溶液(无水乙醇配制)。

用前取 100mL A 液+3.5mL B 液,混匀。

(3) 定磷试剂:3mol/L 硫酸:蒸馏水:21.5%钼酸铵:10%抗坏血酸=1:2:1:1。定磷试剂应使用分析纯试剂,用重蒸水配制。当天使用当天配制,溶液正常颜色为浅黄色。由于抗坏血酸容易氧化变质,本实验中用 2.5% $SnCl_2$ 代替抗坏血酸,效果较好,且易保存。即:

C 液:3mol/L 硫酸、蒸馏水和 21.5%钼酸铵三者按 1:2:1 的比例配制。

D 液:2.5% $SnCl_2$。

用时向滴加 C 液的待测溶液中滴加 1～2 滴 D 液即可。

(4) TE 溶液:10mmol/L Tris-HCl(pH 8.0),1mmol/L EDTA(pH 8.0),高压灭菌后储于 4℃冰箱中。

2. 器材

离心机、电炉、酸度计或 pH 试纸、恒温水浴锅、紫外分光光度计、三角瓶、烧杯、试管、移液管、酵母粉等。

【操作步骤】

1. 提取

称取 0.4g 干酵母粉于 5mL 离心管中,加入 0.2% NaOH 3mL,用玻璃棒搅拌均匀后,放入沸水浴中提取 15min,水浴期间搅拌数次。

2. 分离

取出离心管,冷却至室温,滴加 2～5 滴乙酸,调 pH 为 6.0,以 3 500r/min 转速离心10min。若要提取接近天然状态的 RNA,可采用苯酚法或氯仿-异戊醇法去除蛋白质。

3. 沉淀 RNA

将离心得到的上清液平均转入 2 支 5mL 离心管中,分别加入 2 倍体积的 95%乙醇,静置 10min。然后以 3 500r/min 转速离心 10min,弃去上清液,得到 RNA 沉淀。用 70%乙醇漂洗 2 次(每次 3mL),待乙醇挥发完全后,一管 RNA 沉淀用 5mL 蒸馏水溶解,以备测定RNA 含量之用,判定 RNA 的纯度及酵母 RNA 的提取率;另一管 RNA 沉淀用 5mL10%H_2SO_4 溶解,然后转入 50mL 三角瓶中。

4. RNA 的组分鉴定

(1) RNA 的酸解:装有待测 RNA 溶液的三角瓶在电炉上加热沸腾 1～2min,至溶液透明为止,得到 RNA 水解液。

(2)组分鉴定:按表 6-1 检验项目所需的量将水解液加入三支试管中,进行组分鉴定。

表 6-1　组分鉴定加样一览表

检验项目	嘌　呤	核　糖	磷　酸
RNA 水解液	2mL	0.5mL	1mL
试剂	$NH_3 \cdot H_2O$ 2mL AgNO$_3$ 1mL	苔黑-FeCl$_3$ 1mL	定磷试剂 1mL SnCl$_2$ 1~2 滴
反应条件	室温	沸水浴 1min	沸水浴 2~5min
现象	白色絮状沉淀	鲜绿色	蓝色

5. 含量测定

(1)取两只石英比色杯,一只装入 TE 溶液,用于校正分光光度计零点及调整透光度至 100。

(2)将蒸馏水溶解的 RNA 样品,用 TE 溶液适当稀释,然后加入另一只比色杯中,在 260nm、280nm、230nm 处测定 OD 值。

结果计算:

RNA 溶液的浓度:RNA 溶液的浓度(μg/mL)=OD$_{260}$×40。

RNA 溶液的纯度:纯 RNA 溶液的 OD$_{260}$/OD$_{280}$ 应为 1.7~2.0,OD$_{260}$/OD$_{230}$ 应大于 2.0。

RNA 提取率(%)=RNA 质量(g)/干酵母粉质量(g)×100%。

【注意事项】

(1)RNA 加热酸解时,一定要注意观察,避免加热过度,使透明溶液变成黑褐色而导致实验失败。

(2)稀碱法提取的 RNA 为变性并发生部分降解的 RNA,可用于 RNA 组分鉴定及单核苷酸制备,不能作为检测 RNA 生物活性等实验的材料。

(3)在 OD$_{260}$ 为 1 的 RNA 水溶液中,RNA 的浓度约为 40μg/mL;一般情况下,质量较好的 RNA 溶液 OD$_{260}$/OD$_{280}$ 为 1.8~2.0。

(4)离心前务必配平,且离心管应对称放置。

【思考题】

(1)稀碱法提取的 RNA 中含有 DNA 分子,如何去除 DNA 分子?

(2)如何设计实验来检测 DNA 的各组分?

(3)浓盐法从酵母细胞中提取 RNA 的原理?

(4)如何设计实验对分别含有蛋白质、糖、RNA 的三瓶溶液进行区分?

实验 27　紫外吸收法测定核酸含量

【实验目的】

(1)掌握紫外分光光度法测定核酸含量的原理和操作方法。

(2)熟悉紫外分光光度计的基本原理和使用方法。

【实验原理】

嘌呤、嘧啶碱基的分子结构中具有共轭双键(—C—C=C—C=C—),能够强烈吸收

250～280 波长处的紫外光,其最大吸收值在 260nm 左右。核苷、核苷酸及核酸分子组成中都含有这些碱基,因而具有吸收紫外光的作用。根据紫外吸收光谱的变化可以测定各类核酸物质。

核酸的摩尔消光系数 $\varepsilon(P)$ 表示为每升溶液中含有 1 摩尔原子磷的光吸收值。RNA 的 $\varepsilon(P)260nm(pH\ 7.0)$ 为 7 700～7 800,RNA 的含磷量约 9.5%,因此每毫升溶液含 $1\mu g$ RNA 的光吸收值相当于 0.022～0.024。小牛胸腺 DNA 钠盐的 $\varepsilon(P)260nm(pH\ 7.0)$ 为 6 600,含磷量为 9.2%,因此每毫升溶液含 $1\mu g$ DNA 钠盐的光吸收值相当于 0.020。

测出 260nm 处的光吸收值,可计算出核酸的含量。紫外吸收法测定核酸类物质,方法简便、快速、灵敏度高,但在测定核酸粗制品时,样品中的蛋白质及色素等其他具有紫外吸收的杂质对测定有明显干扰;大分子核酸制备过程中变性降解后有增色效应,因此有时核酸的紫外吸收法测得的含量值会高于用定磷法测得的值。蛋白质也有紫外吸收,通常蛋白质的吸收高峰在 280nm 波长处,在 260nm 处的吸收值仅为核酸的 1/10 或更低,因此对于含有微量蛋白质的核酸样品,测定误差较小。若待测的核酸制品中混有大量的具有紫外吸收的杂质,则测定误差较大,应设法除去。不纯的样品不能用紫外吸收值做定量测定。

从 A_{260}/A_{280} 的比值可判断样品的纯度。纯 RNA 的 $A_{260}/A_{280}\geqslant2.0$;DNA 的 $A_{260}/A_{280}\geqslant1.8$。当样品中蛋白质含量较高时,则比值下降。RNA 和 DNA 的比值分别低于 2.0 和 1.8 时,表示此样品不纯。本实验采用常用的比消光系数法来测定核酸含量。

【试剂与器材】

1. 试剂

(1) 钼酸铵-过氯酸沉淀剂:取 3.6mL 70% 过氯酸和 0.25g 钼酸铵溶于 96.4mL 蒸馏水中,即得 0.25% 钼酸铵-2.5% 过氯酸溶液。

(2) 5%～6% 氨水:用 25%～30% 氨水稀释 5 倍。

(3) 核酸样品:DNA 或 RNA。

2. 器材

紫外分光光度计、离心机、冰箱、移液管、容量瓶、玻璃棒、电子天平。

【操作步骤】

(1) 准确称取待测核酸样品 0.5g,加少量 0.01mol/L NaOH 调成糊状,再加适量水,用 5%～6% 氨水调至 pH 7.0,定容至 50mL。

(2) 取两支离心管,甲管加入 2mL 样品溶液和 2mL 蒸馏水,乙管加入 2mL 样品溶液和 2mL 沉淀剂(沉淀除去大分子核酸,作为对照)。摇匀后置冰浴或冰箱内 30min,使沉淀完全。

(3) 以 3 000r/min 转速离心 10min,从甲、乙两管中分别吸取 0.5mL 上清液,转入相应的甲、乙两容量瓶内,用蒸馏水定容至 50mL。以蒸馏水做空白对照,使用紫外光度计分别测定上述甲、乙两稀释液的 A_{260} 值和甲液的 A_{280} 值,求出 A_{260}/A_{280},判断样品的纯度。

计算:

$$\text{DNA 或 RNA 总含量}(\mu g)=\frac{\Delta A_{260}}{0.020(\text{或}\ 0.024)\times L}\times V_{\text{总}}\times N$$

式中: ΔA_{260} 为甲管稀释液在 260nm 波长处 A 值减去乙管稀释液在 260nm 波长处 A 值; L 为比色杯的厚度(1cm); $V_{\text{总}}$ 为被测样品液总体积(mL); N 为稀释倍数; 0.020 或

0.024 为每毫升溶液内含 $1\mu g$ DNA 或 $1\mu g$ RNA 的 A 值。

$$\text{DNA 或 RNA}(\%) = \frac{\text{1mL 待测样品液中核酸}(\mu g)}{\text{1mL 待测样品液中制品量}(\mu g)} \times 100\%$$

在本实验中，1mL 待测样品液中制品量为 $50\mu g$。

A_{260}/A_{280} 可用来判断样品的纯度，如果待测的核酸样品中不含核苷酸或可透析的低聚多核苷酸，则可用蒸馏水将样品配制成一定浓度的溶液（$20\sim50\mu g/mL$），在紫外分光光度计上直接测定。

【注意事项】

（1）紫外分光光度计使用前要预热。

（2）比色皿应成套使用，注意保护，手持磨砂面，不能拿光面。

（3）离心机使用前必须将离心管配平，对称放置。调速必须从低到高，离心完等转子完全停下后，再打开盖子，然后将转速调到最低。

【思考题】

（1）用紫外吸收法测定样品的核酸含量有何优缺点？

（2）若样品中含有核苷酸类杂质，应如何校正？

（3）干扰本实验的物质有哪些？

实验 28　琼脂糖凝胶电泳法进行核酸鉴定

【实验目的】

（1）学习琼脂糖凝胶电泳分离鉴定核酸的原理和方法。

（2）掌握识读电泳图谱的方法。

【实验原理】

将两个电极插在电解质溶液中，通上直流电，正离子向负极移动，而负离子向正极移动，这种现象称为电泳。概括而言，电泳是指带电粒子在电场中向与自身所带电荷相反的电极移动的现象。

各种电泳技术具有以下特点：①凡是带电物质均可应用某一电泳技术进行分离，并可进行定性或定量分析；②样品用量极少；③设备简单；④可在常温进行；⑤操作简便省时；⑥分辨率高。

核酸凝胶电泳的支持介质可以是琼脂糖凝胶或聚丙烯酰胺凝胶。凝胶的分辨能力同凝胶的类型和浓度有关（表 6-2）。

表 6-2　琼脂糖及聚丙烯酰胺凝胶分辨 DNA 片段的能力

凝胶类型及浓度	分离 DNA 片段的大小范围
0.3%琼脂糖	5～60kb
0.5%琼脂糖	700bp～25kb
0.8%琼脂糖	500bp～15kb
1.0%琼脂糖	250bp～12kb
1.2%琼脂糖	150bp～6kb

续表

凝胶类型及浓度	分离 DNA 片段的大小范围
1.5%琼脂糖	80bp~4kb
2.0%琼脂糖	60bp~3kb
4.0%聚丙烯酰胺	100bp~1kb
10.0%聚丙烯酰胺	25~500bp
20.0%聚丙烯酰胺	1~50bp

本实验采用琼脂糖凝胶电泳鉴定 DNA。凝胶浓度与被分离核酸样品的相对分子质量成反比关系,一般常用的凝胶浓度为 0.5%~2%。琼脂糖凝胶的分辨率虽比聚丙烯酰胺凝胶低,但它制备容易,分离范围广,50 bp 到百万 bp 长的核酸分子都可以在不同浓度的琼脂糖凝胶中分离,因此是常用的分离和鉴定 DNA、RNA 分子混合物的方法。

DNA 分子在琼脂糖凝胶中泳动时有电荷效应和分子筛效应。在 pH 高于其等电点的电泳缓冲液(pH 8.0~8.3)中,其碱基不解离,而磷酸基团全部解离,DNA 分子因而带负电荷,在电场中向阳极移动。在一定的电场强度下,DNA 分子的迁移速度主要取决于分子筛效应,即分子本身的大小和构型。DNA 分子的迁移速度与其相对分子质量成反比。另外,不同构型 DNA 分子的迁移速度不同,一般来说,共价闭环超螺旋 DNA>线状 DNA>开环的 DNA。

在电泳过程中,可用溴酚蓝示踪 DNA 样品在凝胶中所处的位置,但每种 DNA 样品所处的准确位置需要用核酸染料对 DNA 分子进行染色后,在紫外光下进行检测才能确定。核酸染料和 DNA 分子结合后,在紫外光的激发下发出荧光,可对 DNA 片段进行鉴定。

琼脂糖凝胶电泳具有下列优点:①琼脂糖含液体量大,可达 98%~99%,近似自由电泳,但是样品的扩散度比自由电泳小,对蛋白质的吸附极微。②琼脂糖作为支持物具有均匀、区带整齐、电泳速度快、重复性好等优点。③透明而不吸收紫外线,可以直接用紫外检测仪检测。④样品用量少,设备简单,分辨率高。⑤区带易染色,样品易回收,有利于制备。

【试剂与器材】

1. 试剂

(1) 0.5mol/L EDTA(乙二胺四乙酸钠,pH 8.0):将 181.6g EDTANa$_2$·2H$_2$O 加入约 800mL 蒸馏水中,用磁力搅拌机搅拌,并用 NaOH 颗粒中和至 pH 8.0(约需 20g),用蒸馏水定容至 1L,高压灭菌后可长期保存于 4℃冰箱(注:只有溶液 pH 经 NaOH 颗粒调至 8.0 后,EDTANa$_2$·2H$_2$O 才会溶解)。

(2) 50×TAE 缓冲液:称取 Tris 碱 242g,量取 57.1mL 冰乙酸及 200mL 0.5mol/L 的 EDTA 溶液,用蒸馏水加至 1L(或 5×TBE 缓冲液:称取 Tris 碱 54g、硼酸 27.5g,量取 0.5mol/L EDTA 溶液 20mL,用蒸馏水加至 1L)。

(3) 电泳缓冲液:将 50×TAE 缓冲液用蒸馏水稀释 50 倍配制成 1×TAE(pH 8.1)或将 5×TBE 缓冲液稀释 10 倍配制成 0.5×TBE(pH 8.3),用作电泳缓冲液和配制琼脂糖凝胶。

(4) 琼脂糖(国产或进口)。

(5) 核酸染料(EB、GoldView 等)。

(6) 指示剂:6×凝胶上样缓冲液。

(7) DNA 相对分子质量标准(marker)。

2. 器材

电泳仪、水平电泳槽、电子天平、pH 计、微波炉、紫外透射仪(凝胶成像仪)、微量可调移液器及吸头、制胶槽和制胶板、PE 手套等。

【**实验步骤**】

1. 1%琼脂糖溶液的制备(以 100mL 琼脂糖溶液为例)

(1) 称取 1g 琼脂糖粉末,加入 100mL 1×TAE 缓冲液,在微波炉中加热至琼脂糖熔化(溶液清澈透明)。在实际实验过程中,可根据欲分离 DNA 片段大小配制适宜浓度琼脂糖凝胶。

(2) 待熔化的凝胶冷却至 60℃左右时,加入 5μL GoldView 核酸染料,轻轻地旋转以充分混匀凝胶溶液。

2. 胶板的制备

(1) 选择合适的制胶槽和制胶板,组装好后放置于水平桌面,选用一个合适的梳子形成加样孔。梳齿的位置应在托盘底面上 0.5～1.0mm,这样琼脂糖浇灌到托盘时将形成符合要求的加样孔。

(2) 将温热的琼脂糖溶液缓缓倒入模具,胶面应平整,避免形成气泡,凝胶厚度为 3～5mm,太厚或太薄均影响实验结果。

(3) 让凝胶溶液完全凝结(需 30～40min),加少量电泳缓冲液于凝胶顶部,小心拔出梳子,将凝胶安放到电泳槽内,向电泳槽加入 1×TAE 电泳缓冲液,刚好没过凝胶约 1mm。

3. 上样

(1) 制备 DNA 上样液:取 DNA 溶液 5μL 并加 1μL 的 6×凝胶上样缓冲液(loading buffer),混匀。

(2) 用微量移液器将 DNA 上样液缓慢加至凝胶的加样孔内,记录加样顺序。每加完一个样品,换一个吸头,将 DNA 标记(DNA marker)加至其中一个样品孔内。加样端置于阴极一侧。

4. 电泳

(1) 关上电泳槽盖,接好电极插头,给予 1～5V/cm 的电压(以正负极之间的距离为准),开始电泳。如电极连接正确,会在阳极和阴极处产生气泡。

(2) 电泳开始几分钟后溴酚蓝会从加样孔迁移至凝胶中,待溴酚蓝迁移到适当距离(胶的中后部)后停止电泳。

5. 结果观察和鉴定

电泳结束后取出凝胶,紫外灯(凝胶成像系统)下观察结果,拍照。将样品 DNA 的位置与标准 DNA 的位置相对照,估计样品中 DNA 组分的相对分子质量。

【**注意事项**】

(1) 选择合适的 DNA 标记,应该选择在目标片段大小附近梯度(ladder)较密的标记,这样对目标片段大小的估计才比较准确。

(2) 配胶的缓冲液与电泳缓冲液要是同一种缓冲液,且浓度一致。

(3) 加样时要加入上样缓冲液,并注意,不要将样点到加样孔之外(飘样),也不要将胶戳漏(漏样)。

（4）根据片段大小及电泳检测目的，选择合适的电压及电泳时间。

（5）常用的核酸染料是溴化乙锭（ethidium bromide，EB），其染色效果好，操作方便，但稳定性差，具有毒性。现常用一些低毒核酸染料来替代 EB，如 GoldView、GelView、GelRed、SYBR Green、SYBR Gold 等。无论什么染料，使用时均应避免与皮肤接触，在观察凝胶时应根据染料的不同使用合适的光源和激发波长。

【思考题】

（1）琼脂糖凝胶电泳的适用范围是什么？

（2）影响琼脂糖凝胶电泳的因素有哪些？

（3）如果琼脂糖凝胶电泳检测 DNA 时，跑出的条带出现拖尾现象，其原因是什么？

（4）如何通过分析电泳图谱评判核酸的相对分子质量？

实验 29　聚合酶链式反应实验技术应用

【实验目的】

学习聚合酶链式反应的原理与技术。

【实验原理】

PCR 是一种简化条件下的体外 DNA 复制。反应体系包括模板 DNA、引物（对）、热稳定 DNA 聚合酶、dNTP 和反应缓冲液。一个 PCR 反应包括了三个步骤：高温变性、低温退火和中温延伸。在 94℃条件下，模板 DNA 因热变性而解开双链，继而降低温度使 DNA 复性，则引物链可以和互补的模板链特定区域碱基配对形成杂交分子，在 72℃保温一定时间，期间由 DNA 聚合酶催化从引物 $3'$ 端不断合成模板链的互补链。新合成的产物可以作为下一个反应的模板。经过连续的重复反应，就可以对模板 DNA 上与双引物结合的序列之间的片段进行指数式扩增。

PCR 操作简便、省时、灵敏度高、对原始材料的质和量要求低。因此，广泛应用于许多领域，可用于基因克隆及定量、扩增特异性片段（用于探针）、体外获得突变体、提供大量 DNA（用于测序）、遗传病的产前诊断、致病病原体的检测、癌基因的检测和诊断、DNA 指纹、个体识别、亲子关系鉴别及法医物证、动物和植物检疫、在转基因动物和植物中检查植入基因的存在等。

【试剂和器材】

1. 试剂

（1）10×PCR 反应缓冲液：该缓冲液体系中含有 500mmol/L KCl、100mmol/L Tris-Cl（pH9.0）和 1.0％Triton X-100。

（2）dNTP 混合物（每种 2.5mmol/L）。

（3）25mmol/L $MgCl_2$。

（4）Taq DNA 聚合酶（5U/μL）。

（5）引物：根据模板设计特异引物，上游引物和下游引物用无菌水或 TE 溶液溶解，浓度为 10 μmol/L。

（6）5×TBE：烧杯中加入 700mL 去离子水，加入 54g Tris 和 27.5g 硼酸，溶解后加入 20mL 0.5mol/L EDTA（pH 8.0），定容至 1 000mL。

（7）琼脂糖。

2. 器材

台式高速离心机、移液器及吸头、0.2mL硅烷化PCR管、PCR仪、琼脂糖凝胶电泳设备、基因组DNA或质粒DNA、紫外透射仪等。

【操作步骤】

（1）依次向PCR管加入并混匀下列试剂（50 μL反应体系）（表6-3）。

表6-3 PCR反应体系

加入物质	加入量/μL
dd H_2O	38
10mmol/L dNTP	1
10×PCR缓冲液	5
25mmol/L $MgCl_2$（加之前要摇匀）	3
10μmol/L 上游引物	1
10μmol/L 下游引物	1
模板DNA	1

（2）将上述融合混匀，快速离心5s，加入TaqDNA聚合酶（0.2～0.5μL），混匀。

（3）将PCR管按顺序放入PCR仪中，关上并旋紧热盖，设置好反应参数。

反应过程为：预变性5～10min；94℃变性30s～1min；50℃退火30s～1min；72℃延伸1kb/min；循环30次。最后一轮循环结束后，于72℃后延伸10min，使反应产物扩增充分。

（4）电泳检测：反应完后，取10μL扩增产物，配制1%琼脂糖凝胶，0.5×TBE电泳分析，检查反应产物及长度。具体步骤参见实验28。

【注意事项】

（1）PCR操作应尽可能在无菌条件下进行。

（2）吸头、离心管应高压灭菌，每次吸头用毕应更换，不要互相污染试剂。

（3）实验应设无模板的其他所有成分为对照。

（4）引物在PCR反应中的浓度一般为0.1～1μmol/L。浓度过高易形成引物二聚体且产生非特异性产物。

（5）引物退火温度决定PCR特异性与产量。温度高特异性强，但过高则引物不能与模板牢固结合，DNA扩增效率下降；温度低产量高，但过低可造成引物与模板错配，非特异性产物增加。一般实验中退火温度比扩增引物的融解温度 T_m 低5℃。

【思考题】

（1）试剂用量、变性时间、退火温度及循环次数对PCR反应有何影响？

（2）若出现非特异条带，可能的原因有哪些？

第 7 章　糖类实验

实验 30　血糖的测定

【实验目的】

（1）通过对血液的采集、处理及分析，熟悉血液分析的整个过程。

（2）掌握鸡、兔、牛等不同动物的采血方法以及无蛋白血滤液的制备方法。

（3）掌握血糖的测定方法，学习标准曲线的制作方法。

（4）熟悉分光光度计的使用方法。

一、福林-吴宪法

【实验原理】

葡萄糖是一种多羟基醛类化合物，其醛基具有还原性。与碱性铜试剂混合加热，葡萄糖分子中的醛基（—CHO）被氧化成羧基（—COOH），而铜试剂中的二价铜离子（Cu^{2+}）被还原成砖红色的氧化亚铜（Cu_2O）而沉淀。氧化亚铜可使磷（砷）钼酸还原成钼蓝，使溶液呈蓝色。其生成蓝色的深度与血滤液中的葡萄糖浓度成正比。选用颜色深浅较接近于测定管的标准管，于 420nm 一同测定吸光度值，即可求出测定管中葡萄糖的含量。

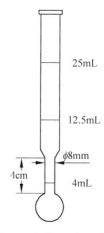

图 7-1　福林-吴宪血糖管

福林-吴宪法测定血糖需在特制福林-吴宪血糖管（图 7-1）中进行。该血糖管于 4mL 容量处，管颈缩小成一细管状，这样可以减少在煮沸时管内液体与空气接触，以避免产生的氧化亚铜再被氧化。

【试剂与器材】

1. 试剂

（1）1/3mol/L 硫酸溶液：取浓硫酸（相对密度 1.84）17.77mL，加入约 500mL 蒸馏水中，再定容至 1 000mL。用 0.1mol/L 的 NaOH 标定，调整浓度至 1/3mol/L。

（2）10%钨酸钠溶液：将钨酸钠（$Na_2WO_4 \cdot 2H_2O$）10.0g 溶于蒸馏水，定容至 100mL（此溶

液呈弱碱性,取 10mL 用 0.1mol/L 的 HCl 溶液滴定,达中和时需 0.1mol/L 的 HCl 0.4mL)。

(3) 碱性硫酸铜试剂:取无水碳酸钠 40.0g 溶于约 400mL 蒸馏水中,酒石酸 7.5g 溶于约 300mL 蒸馏水中,结晶硫酸铜 4.5g 溶于 200mL 蒸馏水中,均加热助溶。冷却后,将酒石酸溶液倾入碳酸钠溶液中,混匀,移入 1 000mL 容量瓶中,再将硫酸铜溶液倾入并加蒸馏水至刻度。混匀,贮存于棕色瓶中。

(4) 磷钼酸试剂:取钼酸(H_2MoO_4)35.0g 和钨酸钠 10.0g,加入 10% NaOH 溶液 400mL 及蒸馏水 400mL,混合后煮沸 20～40min,以除去钼酸中存在的氨(直至无氨味为止),冷却后加入浓磷酸(80%)250mL,混匀,最后用蒸馏水定容至 1000mL。

(5) 0.25%苯甲酸溶液:取苯甲酸 2.5g,加入 1 000mL 蒸馏水中,煮沸使其溶解,冷却后补加蒸馏水定容至 1 000mL。

(6) 葡萄糖贮存标准液(10mg/mL):将少量无水葡萄糖(分析纯)置于硫酸干燥器内过夜。精确称取此葡萄糖 1.000g,以 0.25%苯甲酸溶液溶解,并转入 100mL 容量瓶内,再用 0.25%苯甲酸溶液定容至 100mL。

(7) 葡萄糖应用标准液(0.1mg/mL):准确吸取葡萄糖贮存标准液 1.0mL,置 100mL 容量瓶中,用 0.25%苯甲酸溶液定容至 100mL。

(8) 1:4 磷钼酸稀释液:取磷钼酸试剂 10mL,加蒸馏水 40mL,混匀即可。

2. 器材

－20℃冰箱、试管、移液器或移液管、离心管、漏斗、奥氏吸管、镊子、手术剪、玻璃匀浆器、分析天平、可见光分光光度计、离心机、恒温水浴锅。

【操作步骤】

(一) 采血

各种动物的采血部位不尽相同:马、牛、猪等大型动物,多从颈静脉采血;兔等小型动物从耳静脉采血;鸡等家禽从翼静脉采血。

(二) 血样品的制备

1. 血清的制备

采集静脉血液,直接注入试管中,将试管倾斜放置。待血清析出后,用移液器吸出上层清液,置另一试管加盖冷藏备用。若血清不清亮或带血细胞,可以 3 000r/min 转速离心分离。

2. 全血及血浆制备

吸取适量 10mg/mL 肝素溶液于试管中(每 20 IU 肝素可抗凝 1mL 血液),旋转试管使其均匀附于管壁,置 45℃烘干。将新鲜采集血液加入含肝素抗凝剂的试管中,轻摇匀即为全血。将抗凝血置于离心管,以 2 000r/min 转速离心 10min,上层清液即为血浆。

3. 无蛋白血滤液制备

用奥氏吸管吸 1mL 抗凝血于 50mL 锥形瓶中,先后分别加入 7mL 蒸馏水、1mL 1/3mol/L 硫酸和 1mL 10%钨酸钠,随加随摇。放置 5min 后过滤或离心,即得澄清的无蛋白血滤液,置试管冷藏备用。

（三）血糖的测定

取 4 支福林-吴宪血糖管，按表 7-1 进行操作。

表 7-1 血糖测定加样表 单位：mL

试 剂	空白管	标准管	测定管
无蛋白血滤液	—	—	1.0
蒸馏水	2.0	1.0	1.0
葡萄糖应用标准液	—	1.0	—
碱性硫酸铜试剂	2.0	2.0	2.0
	混匀，置沸水浴中煮 8min。取出，用流动自来水冷却 3min（切勿摇动血糖管）		
磷钼酸试剂	2.0	2.0	2.0
	混匀后放置 2min（使二氧化碳气体逸出）		
1：4 磷钼酸稀释液加至	25	25	25

1：4 磷钼酸稀释液加至 25 刻度处后，用橡皮塞塞紧管口、颠倒混匀。用空白管调零，于 420nm 波长处测定各管吸光度值。

（四）计算

$$葡萄糖含量(mg/mL) = \frac{测定管\ OD}{标准管\ OD}$$

【注意事项】

（1）反应时待水沸腾，才能放入血糖管。准确加热 8min。

（2）冷却时切不可摇动血糖管，以免还原的氧化亚铜被空气氧化，降低实际结果。

（3）加入磷钼酸稀释液后迅速测定吸光度值。

【思考题】

（1）实验中钨酸的作用是什么？

（2）血糖管和奥氏吸管的结构特点对本实验有何作用？

（3）为什么实验中以无蛋白血滤液，而不以全血、血浆或血清来测定血糖含量？

二、 葡萄糖氧化酶法

【实验原理】

葡萄糖氧化酶（glucose oxidase，GOD）利用空气和水催化葡萄糖分子中的醛基氧化，生成葡萄糖酸并释放过氧化氢。过氧化物酶（peroxidase，POD）在有氧受体时，将过氧化氢分解为水和氧。后者将还原性氧受体 4-氨基安替吡啉偶联酚氧化，缩合生成红色醌类化合物。醌的生成量与葡萄糖量成正比。因此，将测定样品与经过同样处理的葡萄糖标准液进行比色，即可计算出血糖的含量。

【试剂与器材】

1. 试剂

（1）抗凝血、葡萄糖贮存标准液（10mg/mL）及葡萄糖应用标准液（0.1mg/mL）：制备方法见福林-吴宪法。

(2) pH 7.0 磷酸盐缓冲液(0.1mol/L)：溶解 Na_2HPO_4 8.5g 及 KH_2PO_4 5.3g 于 800mL 蒸馏水中,用少量 1mol/LNaOH 或 HCl 调 pH 为 7.0。然后加蒸馏水定容至 1 000mL。

(3) 酶试剂：葡萄糖氧化酶 125mg,过氧化物酶 5mg,溶解于 100mL 磷酸盐缓冲液中。另称取邻联茴香胺 10mg,溶于 1.0mL 蒸馏水中。混合两种溶液,装入棕色瓶,置冰箱保存。

(4) 3mol/L H_2SO_4。

(5) 0.15mol/L $Ba(OH)_2$。

(6) 5% $ZnSO_4$。

2. 器材

−20℃冰箱、试管、移液器或移液管、离心管、吸管、漏斗、镊子、手术剪、玻璃匀浆器、分析天平、可见光分光光度计、离心机、恒温水浴锅。

【操作步骤】

1. 无蛋白血滤液制备

在 50mL 锥形瓶中加入 7mL 蒸馏水和 1mL 0.15mol/L $Ba(OH)_2$,再加 1mL 抗凝血(奥氏吸管吸),摇匀。放置 2min 后加入 1mL 5% $ZnSO_4$,摇匀,5min 后过滤或离心,即得澄清的 1∶10 无蛋白血滤液。置试管冷藏备用。

2. 标准曲线的制作

取小试管 6 支,分别标号,按表 7-2 进行操作。

表 7-2　葡萄糖含量测定标准曲线制作加样表　　　　　单位：mL

试　剂	管号					
	0	1	2	3	4	5
葡萄糖应用标准液	0	0.05	0.1	0.15	0.2	0.3
H_2O	0.3	0.25	0.2	0.15	0.1	0
酶试剂	1	1	1	1	1	1
	混匀,37℃水浴 30min					
3mol/L H_2SO_4	5	5	5	5	5	5

冷却后于 540nm 处,用 0 号管调零,分别测定各管的吸光度值,绘制标准曲线。

3. 血糖测定

取小试管 4 支,分别标号,按表 7-3 进行操作。

表 7-3　血糖测定加样表　　　　　单位：mL

试　剂	空白管	测定管 1	测定管 2	测定管 3
无蛋白血滤液	—	0.1	0.1	0.1
H_2O	0.3	0.2	0.2	0.2
酶试剂	1	1	1	1
	混匀,37℃水浴 30min			
3mol/L H_2SO_4	5	5	5	5

冷却后于 540nm 处,用空白管调零,分别测定各管的吸光度值,从标准曲线中查出样品

中的血糖含量。

【注意事项】

（1）本法对葡萄糖特异性较高，能干扰测定结果的物质很少。

（2）由于温度对本实验影响较大，水浴时应严格控制温度，防止酶活性丧失。

（3）本法测定葡萄糖的线性范围广，至少可达 20mmol/L（3.6mg/mL）。

（4）无水葡萄糖结晶属于 α-D 型，溶于水中，部分葡萄糖发生变旋作用，形成 β-D 型。2h 后 α 型与 β 型比例达成平衡，分别占 36％和 64％。因此葡萄糖标准液需在葡萄糖溶解 2h 后方可使用。

【思考题】

（1）酶试剂为什么要用磷酸盐缓冲液配制，而不用蒸馏水配制？

（2）试分析影响本实验的因素有哪些？为什么？

实验 31 动物肝糖原的提取与鉴定

【实验目的】

1. 学习和掌握提取肝糖原的方法。

2. 掌握肝糖原的鉴定方法。

【实验原理】

糖原属于高分子糖类化合物，是动物体内糖的主要储存形式，主要在肝脏和肌肉内储存。糖原在体内的合成与分解代谢对血糖浓度的调节起着重要的作用。

本次实验采用三氯乙酸使肝组织的酶及其他蛋白质沉淀，使糖原保留于上清液中。糖原不溶于乙醇，而可以溶于热水呈胶体溶液，因而先用 95％的乙醇将滤液中糖原沉淀，再将沉淀溶于热水中。糖原溶液呈乳样光泽，遇碘呈棕红色，本身无还原性，在酸性溶液中加热可水解为具有还原性的葡萄糖，后者可将碱性铜溶液（班氏试剂）中二价铜还原为氧化亚铜。利用上述性质，可判定肝脏组织中糖原是否存在。

【试剂与器材】

1. 试剂

（1）5％三氯乙酸。

（2）95％乙醇。

（3）0.9％生理盐水。

（4）碘试剂：I_2 100mg，KI 200mg 溶于 30mL 蒸馏水中，振荡溶解。

（5）浓盐酸。

（6）50％NaOH。

（7）班氏试剂：称取柠檬酸钠 173g 及无水 Na_2CO_3 100g 放入 2 000mL 烧杯内，加水约 600mL，加热溶解，并以玻璃棒不断搅匀，溶解后冷却至室温。另用 200mL 锥形瓶称取 $CuSO_4 \cdot 5H_2O$ 17.3g，加蒸馏水约 100mL，加热溶解。将 $CuSO_4$ 溶液缓缓倒入前液，不断搅匀，补足水量至 1 000mL，混匀。如试剂混浊，可用脱脂棉过滤入瓶备用。

2. 器材

匀浆器、离心机、离心管、恒温水浴锅、pH 试纸、滤纸、试管、烧杯、移液管、胶头滴管、玻璃棒、电子天平、称量纸等。

【操作步骤】

1. 肝糖原的提取

将饱食后的兔子处死,立即取出肝脏,用0.9％生理盐水洗去附着的血液并用滤纸吸干,称取1g左右肝脏,将肝脏迅速剪碎与5％三氯乙酸溶液2mL一同放入匀浆器中,研磨至糜状,再加入5％三氯乙酸溶液4mL,研磨均匀后过滤,将其滤入离心管中,弃掉残渣得到澄清的滤液,加入与滤液等体积的95％乙醇混匀,静置10分钟,以3 000r/min转速离心5min,去掉上清液,白色沉淀即为肝糖原。

2. 肝糖原的鉴定

向肝糖原沉淀中加蒸馏水3mL,用玻璃棒搅拌时沉淀溶解(此时可见溶液有乳样光泽),为糖原溶液。

(1) 取糖原溶液2滴于白瓷凹盘中,加碘试剂1滴,观察其颜色变化,并解释现象。

(2) 取糖原溶液2mL,加入浓盐酸10滴,混匀,置于沸水浴中煮沸20min,取出后冷却。加50％NaOH 10滴中和至中性。另取一支试管,加入糖原水解液8滴,再加入班氏试剂2mL混匀,在沸水浴中煮沸1～2min,观察并记录现象,判断结果。

【注意事项】

(1) 实验动物在实验前必须饱食。

(2) 肝脏离体后,肝糖原会迅速分解,所以肝脏要迅速用三氯乙酸处理。

(3) 正确掌握溶液转移的操作及离心机的使用方法。

【思考题】

(1) 简述班氏试剂测定糖的原理。

(2) 观察实验现象,判断结果并加以解释。

实验32　还原糖含量的测定

【实验目的】

掌握还原糖测定的基本原理和方法,熟悉分光光度计的使用。

【实验原理】

还原糖是指含有自由醛基或酮基的糖类,单糖都是还原糖,双糖和多糖不一定是还原糖,其中乳糖和麦芽糖是还原糖,蔗糖和淀粉是非还原糖。在碱性条件下,还原糖与3,5-二硝基水杨酸(黄色)共热,3,5-二硝基水杨酸被还原成3-氨基-5-硝基水杨酸(棕红色物质),还原糖被氧化成糖酸及其他产物。在一定范围内,还原糖的含量与棕红色物质的深浅程度呈线性关系,在540nm波长下测定棕红色物质的光吸收值,查标准曲线并计算,便可求出样品中还原糖的含量。

3,5-二硝基水杨酸（黄色）　　　　　　3-氨基-5-硝基水杨酸（棕红色）

【试剂与器材】

1. 试剂

(1) 1mg/mL 葡萄糖标准液：称取 80℃ 烘干至恒重的分析纯葡萄糖 100mg，溶解后水定容到 100mL，冰箱保存待用。

(2) 3,5-二硝基水杨酸溶液：称取 1g 3,5-二硝基水杨酸溶于 20mL 1mol/L NaOH 溶液中，加入 50mL 蒸馏水、30g 酒石酸钾钠，待溶解后，用水定容至 100mL，储于棕色瓶中密闭保存备用，勿使二氧化碳进入。

2. 器材

分光光度计、恒温水浴锅、沸水浴、分析天平、托盘天平、具塞刻度试管(15mL)、刻度吸管(5mL、1mL、0.5mL)、容量瓶(50mL)、烧杯、研钵、漏斗、苹果。

【操作步骤】

1. 标准曲线的制作

取 15mL 具塞刻度试管 6 支，编号 1～6，分别对应加入葡萄糖标准液 0、0.2、0.4、0.6、0.8、1.0mL，然后用刻度吸管向各管加入蒸馏水，使最后体积为 1.0mL，摇匀，再加入 3,5-二硝基水杨酸 1mL，摇匀。沸水浴中准确加热 5min，取出冷却，用蒸馏水稀释到 15mL 混匀。以 1 号管溶液为对照，在 540nm 下测定 2～6 号试管溶液的光吸收值 A_{540}。以光吸收值为纵坐标，以葡萄糖含量为横坐标，绘制标准曲线。

2. 样品中还原糖的提取

将苹果洗净，吸干其表面水分，切碎混匀，称取 0.5g 放入研钵中，加少量石英砂，磨成匀浆，转移到 50mL 容量瓶中，加水至 30～40mL，摇匀，置于 80℃ 恒温水浴中浸提 30min，其间摇动数次，使还原糖浸出。待溶液冷却后，过滤并用蒸馏水定容到 50mL，作为提取液备用。

3. 还原糖含量的测定

取提取液 1mL 放入 15mL 具塞刻度试管中，加入 1mL 3,5-二硝基水杨酸溶液，摇匀后在沸水浴中加热 5min，取出冷却后稀释至 15mL。以标准曲线 1 号管溶液为对照，测定 A_{540} 值(测两次，取平均值)。

4. 结果计算

从标准曲线上查出样品的 A_{540} 值对应的还原糖量 c(mg)，然后按下式计算样品中还原糖的含量。

$$还原糖的含量(\%) = \frac{c \times \dfrac{提取液总体积(mL)}{测定时取用体积(mL)} \times 稀释倍数}{样品重(g) \times 10^3} \times 100\%$$

【注意事项】

(1) 沸水浴加热时，用试管夹夹住试管，把刻度试管的塞子打开，管口切勿朝向人。

(2) 稀释时必须等试管冷却后再加入蒸馏水，以免炸裂试管发生危险。

【思考题】

用该方法是否可以测样品中总糖的含量？

第 8 章　脂类实验

实验 33　粗脂肪的索氏提取

【实验目的】

1. 学习索氏抽提法测定粗脂肪的原理与方法。
2. 掌握索氏抽提法基本操作要点及影响因素。

【实验原理】

脂肪是丙三醇(甘油)和脂肪酸结合成的脂类化合物,能溶于脂溶性有机溶剂。

本实验利用脂肪能溶于脂溶性溶剂这一特性,在索氏提取器中将样品用无水乙醚或石油醚等溶剂反复萃取,提取样品中的脂肪后,蒸发去除溶剂,所得的物质即为脂肪或称粗脂肪。用此法提取的脂溶性物质,除脂肪外,还含有游离脂肪酸、磷酸、固醇、芳香油及某些色素等,故称为粗脂肪。

【试剂与器材】

1. 试剂

滤纸筒、无水乙醚(不含过氧化物)或石油醚(沸程 $30\sim60℃$)。

2. 器材

(1) 索氏提取器(图 8-1)。

(2) 电热恒温鼓风干燥箱。

(3) 干燥器。

(4) 恒温水浴箱。

(5) 电子天平。

(6) 粉碎机。

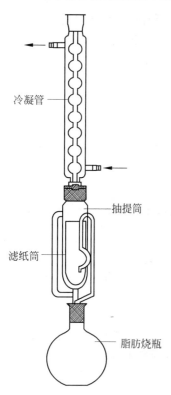

冷凝管

抽提筒

滤纸筒

脂肪烧瓶

图 8-1　索氏提取器

（7）定量滤纸。

【操作步骤】

1. 操作前准备

抽提筒用蒸馏水洗净,置于干燥箱中,在 105℃ 温度下烘 1h,取出移入干燥缸内,冷却后称重并编号备用。

2. 样品处理

（1）固体样品:样品磨碎,准确称取均匀样品 2～5g(精确至 0.01mg),装入滤纸筒内。

（2）液体或半固体:准确称取均匀样品 5～10g(精确至 0.01mg),置于蒸发皿中,加入海砂约 20g,搅匀后于沸水浴上蒸干,然后在 95～105℃ 下干燥。研细后全部转入滤纸筒内,用沾有乙醚的脱脂棉擦净所用器皿,并将棉花也放入滤纸筒内。

3. 索氏提取器的清洗

将索氏提取器各部位充分洗涤并用蒸馏水清洗后烘干。脂肪烧瓶在 103±2℃ 的烘箱内干燥至恒重(前后两次称量差不超过 2mg)。

4. 样品测定

（1）将滤纸筒放入索氏提取器的抽提筒内,连接已干燥至恒重的脂肪烧瓶,由抽提器冷凝管上端加入乙醚或石油醚至瓶内容积的 2/3 处,通入冷凝水,将脂肪烧瓶浸没在水浴中加热,用一小团脱脂棉轻轻塞入冷凝管上口。

（2）抽提温度的控制:水浴温度应控制在使提取液每 6～8min 回流一次为宜。

（3）抽提时间的控制:抽提时间视试样中粗脂肪含量而定,一般样品提取 6～12h,坚果样品提取约 16h。提取结束时,用毛玻璃板接取一滴提取液,如无油斑则表明提取完毕。

（4）提取完毕,取下脂肪烧瓶,回收乙醚或石油醚。待烧瓶内乙醚仅剩下 1～2mL 时,在水浴上赶尽残留的溶剂,在 95～105℃ 下干燥 2h 后,置于干燥器中冷却至室温,称量。继续干燥 30min 后冷却称量,反复干燥至恒重(前后两次称量差不超过 2mg)。

5. 结果计算

（1）按表 8-1 进行统计。

表 8-1　粗脂肪提取数据记录表　　　　　　　　单位:g

样品的质量 m	脂肪烧瓶的质量 m_0	脂肪和脂肪烧瓶的质量 m_1			
		第 1 次	第 2 次	第 3 次	恒重值

（2）计算公式

$$X = \frac{m_1 - m_0}{m} \times 100\%$$

式中:X 为样品中粗脂肪的质量分数(%);m 为样品的质量(g);m_0 为脂肪烧瓶的质量(g);m_1 为脂肪和脂肪烧瓶的质量(g)。

【注意事项】

（1）抽提剂乙醚是易燃、易爆物质,应注意通风并且不能有火源。

（2）样品滤纸的高度不能超过虹吸管,否则上部脂肪不能抽提尽而造成误差。

（3）样品和醚浸出物在烘箱中干燥时,时间不能过长,以防止极不饱和的脂肪酸受热氧化而增加质量。

（4）脂肪烧瓶在烘箱中干燥时,瓶口侧放,以利空气流通。先不要关上烘箱门,于90℃以下鼓风干燥10～20min,驱尽残余溶剂后,再将烘箱门关紧,升至所需温度。

（5）乙醚若放置时间过长,会产生过氧化物。过氧化物不稳定,蒸馏或干燥时会发生爆炸,故使用前应严格检查,并除去过氧化物。

① 检查方法：取5mL乙醚于试管中,加KI(100g/L)溶液1mL,充分振摇1min。静置分层。若有过氧化物则释放出游离碘,水层是黄色(或加4滴5g/L淀粉指示剂显蓝色),则该乙醚需处理后使用。

② 去除过氧化物的方法：将乙醚倒入蒸馏瓶中,加一段无锈铁丝或铝丝,收集重新蒸馏的乙醚。

（6）反复加热可能会因脂类氧化而增重,质量增加时,以增重前的质量为恒重。

【思考题】

（1）简述索氏抽提器的提取原理及应用范围。

（2）潮湿的样品可否采用乙醚直接提取？为什么？

（3）用乙醚做脂肪提取溶剂时,应注意哪些事项？为什么？

实验34　血清总脂含量的测定

【实验目的】

（1）学习血清总脂测定的原理与方法。

（2）掌握血清总脂测定的基本操作要点及影响因素。

（3）了解分光光度计的用法。

【实验原理】

血清中的脂类,尤其是不饱和脂类与浓硫酸作用,经水解后生成碳正离子。香草醛与浓硫酸的羟基作用生成芳香族的磷酸酯,由于改变了香草醛分子中的电子分配,使醛基变成活泼的羰基,此羰基即与碳正离子起反应,生成红色的醌化合物,其强度与碳正离子成正比。

【试剂与器材】

1. 试剂

（1）胆固醇标准液（6mg/mL）：精确称取纯胆固醇600mg,溶于无水乙醇并定容至100mL。

（2）显色剂：0.6%的香草醛水溶液200mL,加入浓磷酸800mL,贮存于棕色瓶可保存6个月。

（3）浓硫酸。

（4）浓磷酸。

2. 器材

分光光度计、电炉、试管、试管架、吸管、血清等。

【操作步骤】

1. 测定

取 3 支洁净试管,按表 8-2 操作。

表 8-2　血清总脂测定加样表　　　　　　　　　　单位：mL

试　剂	试管		
	空白管	标准管	测定管
血清	—	—	0.02
胆固醇标准液	—	0.02	
浓硫酸	1.0	1.0	1.0
	充分混匀,放置沸水浴 10min,使脂类水解,冷水冷却		
显色剂	4.0	4.0	4.0
	充分混匀,放置 20min,再用分光光度计测定其密度		

用玻棒充分搅匀,放置 20min(或 37 保温 15min)后,在 525nm 波长处比色,空白管调零,分别读取各管光密度值。

2. 计算

按下式计算血清总脂浓度。

$$血清总脂浓度(mg/100mL) = \frac{OD\ 测定管}{OD\ 标准管} \times 600$$

【注意事项】

(1) 血清中的脂类包括饱和及不饱和脂类。本实验中的显色反应,不饱和脂类比饱和脂类显色强。血清中饱和脂类与不饱和脂类的比例约为 3∶7,因此要测定血清中的标准总脂含量,最好选用称量法。但本实验中采用胆固醇(或橄榄油)作标准的测定法其结果比较接近实际情况,而且方法简易,所以目前此法多用于血清总脂的测定。

(2) 本法试剂多系浓酸,黏稠度大,取量时吸管内试剂要慢放,以免导致试剂过多附着于管壁而造成误差,并且应注意安全。

(3) 血清中脂类含量过多时,可用生理盐水稀释后再行测定,将测定结果乘以稀释倍数即为血清中的总脂含量。

【思考题】

(1) 血脂的来源有哪些?
(2) 血清总脂测定的原理是什么?

实验 35　血清游离脂肪酸含量的测定

【实验目的】

(1) 掌握一次提取比色法测定游离脂肪酸的原理与方法。
(2) 了解游离脂肪酸测定的意义。

【实验原理】

脂肪酸是脂肪水解的产物,测定血清脂肪酸可以了解脂肪代谢的情况。血清中的游离脂肪酸能与铜离子结合形成脂肪酸铜盐而溶于氯仿中,其中与游离脂肪酸含量成正比。用铜试剂测定其中铜离子的含量,即可推算出游离脂肪酸的含量。

【试剂与器材】

1. 试剂

(1) 氯仿(AR)。

(2) pH 6.4 磷酸盐缓冲液(1/30mol/L)。

① 1/30mol/L 磷酸氢二钠溶液:称取磷酸氢二钠($Na_2HPO_4 \cdot 12H_2O$)11.94g,用蒸馏水溶解并定容至 1L。

② 取 1/30mol/L 磷酸二氢钠溶液 73.3mL 与 1/30mol/L 磷酸二氢钠溶液 26.7mL,混合即成。

③ 1/30mol/L 磷酸二氢钾溶液:称取磷酸二氢钾(KH_2PO_4)4.54g,用蒸馏水溶解并定容至 1L。

(3) 6.45％硝酸铜溶液:称取硝酸铜 6.45g,用蒸馏水溶解并定溶至 100mL 刻度,可长期保存。

(4) 1mol/L 乙酸溶液:取冰乙酸(相对分子质量 60.05)60mL,用蒸馏水稀释至 1 000mL 刻度,可长期保存。

(5) 1mol/L 三乙醇胺溶液:称取三乙醇胺(相对分子质量 149.19)149.19g,用蒸馏水溶解并定容于 1 000mL 刻度,可长期保存。

(6) 铜试剂:由 1mol/L 三乙醇胺溶液 9 份、1mol/L 乙酸溶液 1 份及 6.45％硝酸铜溶液 10 份混合而成。置 4℃条件下可保存 3 周。

(7) 棕榈酸标准液(1 000μmol/L):精确称取棕榈酸[$CH_3(CH_2)_{14}COOH$,即软脂酸]256.43mg,置于 1 000mL 容量瓶中,用氯仿溶解并稀释至 1 000mL 刻度。

(8) 显示剂:称取二乙基二硫代氨基甲酸钠[$N(C_2H_5)_2CS_2Na$]100mg,溶于正丁醇 100mL 中。置 4℃条件下可保存 1~2 周。

2. 器材

离心管、离心机、分光光度计、试管架、吸管、血清等。

【操作步骤】

1. 取带塞离心管 4 只,按表 8-3 操作。

表 8-3　游离脂肪酸与铜试剂的结合反应　　　　　　　　　　单位:mL

试　剂	空白管	标准管	测定管 1	测定管 2
血清	—	—	0.3	0.3
棕榈酸标准液	—	0.3	—	—
蒸馏水	0.3	—	—	—
pH6.4 磷酸盐缓冲液	1.0	1.0	1.0	1.0
铜试剂	2.0	2.0	2.0	2.0
氯仿	6.0	5.7	6.0	6.0
	加塞,振摇 15min,静置 10min 后,离心 5min(转速为 3 000 r/min),仔细吸去上层液体及蛋白质凝块,弃去。另取 4 只试管操作			
下层氯仿液	4.0	4.0	4.0	4.0
显色剂	0.5	0.5	0.5	0.5
	充分混合,放置 5min,用 440nm 进行比色,以空白管校正吸光度到零点,读取各管吸光度			

2．计算

按下式计算血清游离脂肪酸含量。

$$\text{血清游离脂肪酸}(\mu mol/L) = \frac{\text{OD 测定管}}{\text{OD 标准管}} \times 1\,000$$

【注意事项】

（1）用氯仿提取游离脂肪酸时加入 pH 6.4 磷酸盐缓冲液可消除磷脂的干扰，但此 pH 不是脂肪酸铜皂形成的最适条件，实验证明以 pH 8 左右为最好，这可能是一次提取比色法结果偏低的原因。

（2）显色前吸取氯仿层时，吸管不要触及管壁，以免沾染管壁上附着的铜试剂。氯仿层必须清澈，否则会使结果偏高。

（3）胆红素可被氯仿抽提而干扰比色，故黄疸血清须作一对照管，即最后不加显色剂而用正丁醇代替，在测定管吸光度读数中减去此对照管的吸光度。

【思考题】

（1）操作中加入 pH 6.4 磷酸盐缓冲液的目的是什么？

（2）氯仿在实验中起哪些作用？

（3）实验中加塞、振摇 15min 的目的是什么？

实验 36　血清总胆固醇含量的测定

【实验目的】

1．掌握磷硫铁法测定血清总胆固醇的原理与方法。

2．了解血清总胆固醇的正常值范围。

【实验原理】

用无水乙醇处理血清，既能使胆固醇及其酯溶解于其中，又能将蛋白质变性沉淀。在乙醇提取液中加磷硫铁试剂，胆固醇及其酯与浓硫酸和三价铁作用生成比较稳定的紫红色化合物，其吸光值与胆固醇及其酯的含量成正比，可于 550nm 波长下进行比色测定。

【试剂与器材】

1．试剂

（1）胆固醇贮备液：称取干燥重结晶胆固醇 100mg，溶于 80mL 无水乙醇中（可稍微加热助溶）。待冷却后移入容量瓶，用无水乙醇冲洗容器，洗液转入容量瓶，再用无水乙醇定容至 100mL。置棕色瓶中，密封于 4℃冰箱保存。

（2）胆固醇标准液：将少量贮备液置于室温条件下操作，取 8mL 用无水乙醇定容至 200mL，混匀，置棕色瓶中，密封于 4℃冰箱保存。使用前将胆固醇标准液温度平衡到室温，摇匀使用。

（3）氯化铁溶液：称取 2g $FeCl_3 \cdot 6H_2O$ 溶于浓磷酸中，并定容到 100mL，混匀，置于棕色瓶中，室温保存。

（4）磷硫铁试剂：取 8mL 氯化铁溶液，用浓硫酸定容到 100mL，混匀。此液在室温中可保存 6～8 周。

2．器材

容量瓶、移液管、玻璃棒、电子天平、试管、分光光度计、台式离心机、无水乙醇、血清等。

【操作步骤】

(1) 吸取 0.2mL 血清于干燥的离心管中,先加 0.8mL 无水乙醇摇匀后,再加 4mL 无水乙醇,立即加盖用力振荡,静置 10min 后,以 3 000r/min 转速离心 5min。取出上清液,置于干燥的试管中备用。

(2) 取干燥试管 3 支,编号,分别按表 8-4 加入试剂。

表 8-4　血清总胆固醇测定加样表　　　　　　　　　　　　　　单位:mL

试　剂	试管编号		
	空白管	标准管	测定管
无水乙醇	2.0	—	—
胆固醇标准液	—	2.0	—
血清乙醇提取液	—	—	2.0
磷硫铁试剂	2.0	2.0	2.0

轻轻振荡均匀,室温静置 20min,在 550nm 波长下,以空白管调零,测定各管吸光值。

(3) 计算胆固醇的含量。

$$胆固醇(mg/100mL\ 血清)=\frac{标准管\ OD}{样品管\ OD}\times 标准管的浓度\times\frac{100}{0.04}$$

式中:0.04 表示 1mL 血清乙醇提取液相当于 0.04mL 血清;100 表示 100mL 血清。

【注意事项】

(1) 100mL 人血清中胆固醇的正常参考值为 110～220mg,即 2.8～5.7mmol/L。

(2) 操作中涉及浓硫酸、磷酸时,需注意安全,防止操作者被烧伤,也要避免比色液溢出损坏分光光度计。

(3) 需沿管壁缓慢加入磷硫铁试剂,若室温低于 15℃,可先将提取上清液置于 37℃ 恒温水浴中预热片刻,再加入磷硫铁试剂。待分层后立即轻轻旋转试管,混合均匀。管口加盖,室温放置。

(4) 胆固醇的显色反应受水分影响很大,因此所用试管、比色杯必须干燥。浓硫酸质量也很重要,放置过久的试剂可能会因吸水使呈色反应降低。

(5) 低温时,胆固醇在乙醇中溶解度降低,因此用无水乙醇提取胆固醇应在 10℃ 以上温度下进行。

【思考题】

测定血清总胆固醇的意义是什么?

实验 37　卵磷脂的提取与鉴定

【实验目的】

(1) 掌握卵磷脂提取与鉴定的原理和方法。

(2) 了解磷脂类物质的结构与性质。

【实验原理】

磷脂是生物体组织细胞的重要成分,主要存在于大豆等植物组织以及动物的肝脏、脑、脾脏、心等组织中,尤其是在蛋黄中含量较多。卵磷脂与脑磷脂均溶于乙醚而不溶于丙酮,利用此性质可将其与中性脂肪分开。此外,卵磷脂能溶于乙醇而脑磷脂不溶,利用此性质可将卵磷脂和脑磷脂分离。

新提取的卵磷脂为白色,当与空气接触后,其所含不饱和脂肪酸会被氧化而使卵磷脂呈黄褐色。卵磷脂被碱水解后可分解为脂肪酸盐、甘油、胆碱和磷酸盐。甘油与硫酸氢钾共热,可生成具有特殊臭味的丙烯醛;磷酸盐在酸性条件下与钼酸铵作用,生成黄色的磷钼酸铵沉淀;胆碱在碱的进一步作用下生成无色且具有氨和鱼腥气味的三甲胺。通过对分解产物的检验可以对卵磷脂进行鉴定。

【试剂与器材】

1. 试剂

(1) 95%乙醇、丙酮、乙醚、10%NaOH 溶液、3%溴的四氯化碳溶液、硫酸氢钾等。

(2) 钼酸铵试剂:称取钼酸铵 6g 溶于 15mL 蒸馏水中,加入 5mL 浓氨水,另外将 24mL 浓硝酸溶于 46mL 蒸馏水中,然后将二者混合,静置一天后使用。

2. 器材

烧杯、试管、玻璃棒、电子天平、漏斗、铁架台、滤纸、试纸、称量纸、鸡蛋黄等。

【操作步骤】

1. 卵磷脂的提取

约取 10g 鸡蛋黄于小烧杯中,加温热的 95%乙醇 30mL,边加边搅拌均匀,冷却后过滤。滤液置于大试管中,在沸水浴中蒸干,所得干物质即为卵磷脂。

2. 卵磷脂的溶解性

取干燥试管,加少许卵磷脂,再加 5mL 乙醚,用玻璃棒搅拌使卵磷脂溶解,逐滴加入丙酮 3mL,观察实验现象。

3. 卵磷脂的鉴定

(1) 三甲胺的检验:取干燥试管一支,加少量提取的卵磷脂和 5mL 10%氢氧化钠溶液,放入沸水浴中加热 15min,在管口放一片红色石蕊试纸,观察有无颜色变化,并嗅其气味。加热过的溶液过滤,为下面检验备用。

(2) 不饱和性检验:取干燥试管一支,加 10 滴上述备用液,再加 1~2 滴 3%溴的四氯化碳溶液,振摇试管,观察有何现象发生。

(3) 磷酸盐的检验:取干燥试管一支,加 10 滴上述备用液和 5~10 滴 95%乙醇,再加 5~10 滴钼酸铵试剂,观察现象。

(4) 甘油的检验:取干燥试管一支,加少量提取的卵磷脂和 0.2g 硫酸氢钾,用试管夹夹住,在小火上略微加热,使卵磷脂和硫酸氢钾混熔,然后再集中加热,待有水蒸气放出时,闻一下有何气味产生。

【注意事项】

甘油脱水生成丙烯醛,用硫酸氢钾作脱水剂时,如大火加热,硫酸氢钾可还原为 SO_2,其气味易被误认为是丙烯醛,故应用小火略微加热。

【思考题】

如何分离卵磷脂和中性脂肪?怎样分离卵磷脂和脑磷脂?

实验 38 肝组织的生酮作用

【实验目的】

1. 通过实验了解和验证肝组织的生酮作用。
2. 掌握酮体的检测方法。

【实验原理】

脂肪酸在肝组织中经 β-氧化生成的乙酰 CoA，可缩合成酮体，酮体包括乙酰乙酸、β-羟丁酸和丙酮。本实验以丁酸作为底物，当其与肝组织匀浆(内含合成酮体的酶系)保温反应后，即有酮体生成，其中乙酰乙酸和丙酮可与酮体粉生成紫红色化合物，由此可鉴定酮体的存在。而肌肉组织中无酮体生成酶系，经同样处理的肌肉匀浆则不产生酮体，故无显色反应，证明肝脏是酮体生成的部位。

【试剂与器材】

1. 试剂

(1) 乐氏(Locke)溶液：称取氯化钠 9.0g、氯化钾 0.4g、氯化钙 0.2g、碳酸氢钠 0.2g、葡萄糖 0.25g，加蒸馏水至 1 000mL。

(2) 1/15mol/L pH 7.4 磷酸缓冲液：将 1/15mol/L 磷酸氢二钠(Na_2HPO_4)与 1/15mol/L 磷酸二氢钾(KH_2PO_4)按 8.08：1.92 的体积混匀。

(3) 0.5mol/L 丁酸溶液：称取正丁酸 44g，溶于 0.1mol/L 氢氧化钠溶液中，并用 0.1mol/L 氢氧化钠液稀释至 1 000mL。

(4) 15% 三氯乙酸溶液。

(5) 乙酰乙酸溶液：称取乙酰乙酸乙酯 1.3g，加 50.0mL 0.2mol/L 氢氧化钠溶液，静置 48h，用前稀释 40 倍。

(6) 酮体粉：取亚硝基铁氰化钠 1 份、无水碳酸钠 100 份、硫酸铵 100 份，混合研磨成粉末。

2. 器材

动物肝脏、恒温水浴箱、剪刀、研钵、吸量管、白瓷板、试管、烧杯、玻璃棒等。

【操作步骤】

取饥饿一天的动物(兔、豚鼠或小白鼠等)1 只，处死，迅速取出肝脏和一些骨骼肌，剪碎后按每克组织加入 5mL 预冷的 1/15mol/L pH 7.4 磷酸缓冲液，在研钵中研成糜状。

取试管 4 支，标上号码后按表 8-5 加入试剂。

表 8-5 肝组织生酮作用加样表

试 剂	试管号			
	1	2	3	4
0.5mol/L 丁酸溶液/mL	1.0	—	1.0	1.0
乐氏溶液/mL	0.5	0.5	0.5	0.5
1/15mol/L 磷酸缓冲液/mL	0.5	0.5	0.5	0.5
蒸馏水/mL	—	1.0	—	0.5
肝组织糜/滴	10	10	—	

试　剂	试管号			
	1	2	3	4
肌肉糜/滴	—	—	10	—
	充分混匀,将各管置于37℃恒温箱或水浴中40min			
15%三氯乙酸/mL	0.5	0.5	0.5	0.5

把1～3管摇匀,静置5min后分别过滤。用药勺分别取少许酮体粉于白瓷板1～5孔中,将1～3管滤液、第4管液体和乙酰乙酸溶液分别滴2～4滴在上述放置了酮体粉的1～5孔中。滴加液体的量应为将粉末湿润为宜,不可过量。将1～5孔分别用玻璃棒搅匀后,观察各孔的现象,比较结果。

【注意事项】

(1) 取肝、肌肉组织时,动作要迅速,以保证样品的新鲜。

(2) 酮体粉不宜配制过多,如发现潮湿,变黄,应重配。

【思考题】

(1) 为什么说制备新鲜的肝匀浆是做好本实验的关键?

(2) 为什么脂肪酸在肝内正常中间代谢产生的酮体量很少? 在什么情况下血中酮体含量升高,甚至导致酮症酸中毒?

(3) 实验中三氯乙酸的作用是什么?

(4) 实验结果可反映酮体代谢组织的哪些特点?

实验 39　脂肪酸的 β-氧化

【实验目的】

(1) 了解脂肪酸的 β-氧化及酮体的生成作用。

(2) 掌握丙酮的测定方法。

【实验原理】

在线粒体中,脂肪酸经 β-氧化作用生成乙酸辅酶 A,乙酰辅酶 A 可进入三羧酸循环氧化分解,也可转运到线粒体外重新用于合成脂肪酸。而在肝脏中生成的乙酰辅酶 A 经缩合生成乙酰乙酸,乙酰乙酸可脱羧生成丙酮,也可还原生成 β-羟丁酸。乙酰乙酸、β-羟丁酸和丙酮总称为酮体。生成的酮体需要运输到肝外组织才能氧化利用。

本实验通过测定丙酮的含量来了解酮体生成的情况,以反映脂肪酸 β-氧化的程度。实验中以正丁酸为底物,用新鲜肝匀浆作为酶反应系统,一起保温,生成的丙酮在碱性条件下与碘生成碘仿。反应式如下:

$$CH_3COCH_3 + 4NaOH + 3I_2 \Longrightarrow CHI_3 + CH_3COONa + 3NaI + 3H_2O$$

剩余的碘,可用标准硫代硫酸钠溶液滴定。

$$I_2 + 2Na_2S_2O_3 \Longrightarrow Na_2S_4O_6 + 2NaI$$

根据滴定样品与滴定对照所消耗的硫代硫酸钠溶液体积之差,计算由丁酸氧化生成丙酮的量。

【试剂与器材】

1. 试剂

(1) 0.9%氯化钠溶液。

(2) 0.1%淀粉溶液:称取0.1g可溶性淀粉,置于研钵中,加少量冷的蒸馏水,调成糊状,再缓缓倒入煮沸的蒸馏水约90mL,用蒸馏水定容至100mL,现配现用。

(3) 0.5mol/L正丁酸溶液:取5mL正丁酸溶于100mL 0.5mol/L氢氧化钠溶液中。

(4) 0.1mol/L碘酸钾溶液:精确称取0.8918g干燥的碘酸钾,用少量蒸馏水溶解,最后定容至250mL。

(5) 10%盐酸溶液。

(6) 0.1mol/L硫代硫酸钠溶液:称取25g硫代硫酸钠,溶解于适量煮沸的蒸馏水中,继续煮沸5min。冷却后,用煮沸过的冷蒸馏水定容到1000mL。用上面配制的碘酸钾溶液标定,然后将其稀释成0.02mol/L浓度溶液后应用。

硫代硫酸钠溶液的标定:在锥形瓶中加入25mL蒸馏水、2g碘化钾、0.5g碳酸氢钠和20mL 10%盐酸溶液溶解后,加入25mL 0.1mol/L的碘酸钾溶液,用配制的硫代硫酸钠溶液滴定至浅黄色,加入0.1%淀粉溶液2mL,然后继续滴定至溶液的蓝色消退。记录消耗硫代硫酸钠的体积数。

另设空白对照,用25mL蒸馏水代替0.1mol/L碘酸钾溶液,其他操作相同,记录硫代硫酸钠溶液的消耗数。用差值来换算硫代硫酸钠的实际浓度。换算的依据如下:

$$5KI + KIO_3 + 6HCl = 3I_2 + 6KCl + 3H_2O$$
$$I_2 + 2Na_2S_2O_3 = Na_2S_4O_6 + 2NaI$$

(7) 0.05mol/L碘溶液:称取12.7g碘和25g碘化钾,溶于水中,并定容到1000mL,混匀,保存在棕色瓶中。

(8) 20%三氯乙酸溶液。

(9) 10%氢氧化钠溶液。

(10) 1/15mol/L pH7.7磷酸盐缓冲液。A液:称取$Na_2HPO_4 \cdot 2H_2O$ 1.187g溶于蒸馏水中,定容至100mL;B液:称取KH_2PO_4 0.9078g溶于蒸馏水中,定容至100mL。取A液90mL、B液10mL,将两者混匀即可。

2. 器材

5mL微量滴定管、恒温水浴锅、天平、吸管、外科手术器械、100mL碘量瓶、锥形瓶、匀浆器、新鲜的动物肝脏。

【操作步骤】

1. 肝组织匀浆的制备

将动物放血处死,取出肝脏,用冷0.9%氯化钠溶液洗去污血,用滤纸吸去表面的水分。称取肝组织5g,置于玻璃皿中剪碎,加少量0.9%氯化钠溶液,研磨成细浆。再加0.9%氯化钠溶液至总体积为10mL。然后取2mL匀浆到锥形瓶中,其中A瓶需要加热煮沸灭活。

2. 酮体的生成

取两个50mL锥形瓶,标记后按表8-6操作。

试　剂	A	B
新鲜的肝脏匀浆	—	2
预先煮沸的肝脏匀浆	2	—
1/15mol/L pH 7.7 磷酸缓冲液	3	3
0.5mol/L 正丁酸	2	2

表 8-6　酮体生成加样表　　　　　　　　　　　　　单位：mL

混匀,置于 43℃ 恒温水浴内保温 40min。取出后各加 3mL 20% 三氯乙酸溶液,充分混匀,静置 10min 后,分别过滤到两个试管中,得到无蛋白滤液。

3. 丙酮的测定

取两个 100mL 碘量瓶,按表 8-7 操作。

试　剂	A	B
无蛋白滤液	5	5
0.05mol/L 碘液	3	3
10% NaOH	3	3

表 8-7　酮体测定加样表　　　　　　　　　　　　　单位：mL

摇匀后,静置 10min,各加入 10% 盐酸溶液中和,用 pH 试纸检测,达到中性或微酸性,然后用 0.02mol/L 的硫代硫酸钠溶液滴定至浅黄色,向瓶中滴加数滴 0.1% 淀粉溶液(显蓝黑色),摇匀,并继续滴加硫代硫酸钠溶液到蓝色消失。记录滴定消耗的硫代硫酸钠溶液的毫升数。

4. 结果计算

根据样品与对照组所用的硫代硫酸钠溶液的体积差,计算样品中丙酮的含量。

实验所用肝脏中的丙酮含量(mmol)=$(A-B) \times C \times 1/6$

式中：A 为滴定对照所消耗的硫代硫酸钠溶液的毫升数；B 为滴定样品所消耗的硫代硫酸钠溶液的毫升数；C 为实验所用硫代硫酸钠溶液的浓度(mol/L)。

【注意事项】

(1) 应使用新鲜的肝脏,肝脏久置后效果降低。

(2) 最好使用碘量瓶,以防止碘液挥发。

【思考题】

(1) 酮体生成的生理意义是什么? 本实验如何计算样品中丙酮的含量?

(2) 丙酮测定过程中为什么要加入 NaOH 溶液?

(3) 实验中加入三氯乙酸的作用是什么?

实验 40　脂类的提取和薄层层析分离

【实验目的】

(1) 了解脂类物质萃取的原理和基本过程。

(2) 掌握硅胶 G 薄层层析的原理及基本操作技术。

【实验原理】

生物组织中的脂类成分大多与蛋白质结合成疏松的复合物。要将这些脂类提取出来，所用抽提液必须包含一定的亲水性成分，并具有形成氢键的能力。本实验中所用的氯仿-甲醇混合液就是符合该要求的抽提液之一。由该抽提液提取出脂类的混合物，再进一步用硅胶 G 薄层层析进行脂类组分的分离鉴定。

硅胶 G 薄层层析属于吸附层析，作为固定相的硅胶对不同的脂类成分有不同的吸附能力，又加上作为流动相的成分是氯仿、甲醇、乙酸和水的混合溶液，包含了多种不同极性的物质，对各种物质的作用力不同，极性小的物质和极性大的物质都能够出现适宜的迁移，能有效分离各种物质。对分离后的脂类成分进行碘显色，鉴定结果。

【试剂与器材】

1. 试剂

(1) 抽提液：氯仿-甲醇(体积比为 2∶1)。

(2) 展层液：氯仿∶甲醇∶乙酸∶水＝170∶30∶20∶7(体积比)。

(3) 碘粒。

(4) 无水硫酸钠。

2. 器材

硅胶 G(200 目)、电热吹风、电子天平、层析缸、涂布器、喷雾器、研钵、烧杯、试管、移液管、滤纸、漏斗、胶头滴管、电热烘干箱、鸡蛋黄或动物的脑组织等。

【操作步骤】

1. 脂类的提取

称取鸡蛋黄粉或动物的脑组织约 2g，放入研钵中磨碎。量取 5 倍体积的抽提液，一边研磨，一边慢慢加入抽提液，在保持研磨的状态下提取 10min，然后用滤纸过滤到试管中，并加入约 1/2 体积的蒸馏水，加塞后振荡，静置，使溶液分为上层的水相和下层的有机相。用胶头滴管吸去上层水相，向下层有机相中继续加入蒸馏水，重复 3 次，最后在有机相中加入足够量的固体无水硫酸钠，以吸收残留的水分，使溶液呈透明状态。

2. 硅胶板的制作

称取硅胶 G 粉约 2g，放入研钵中，加约 6mL 水，研磨均匀，将适量的糊状硅胶引流到大小约 3cm×15cm 的洁净玻璃板上，除玻璃板的一端留下一小部分外，其余布满硅胶，抖动玻璃板一段时间，使硅胶沉实并分散均匀。将玻璃板水平放置，自然干燥后，用烘干箱在 110℃条件下加热活化 30min，自然冷却，保存在干燥器中备用。

3. 点样

在准备好的硅胶 G 薄层板上，在有硅胶的一端约 1.5cm 处画好点样点，用玻璃毛细管吸取上述提取液约 10μL，控制好玻璃管中液体的流出量，在点样处分几次点完，每次点完后可用电热吹风吹干，点样直径应小于 3mm。

4. 展层

在层析缸内，加入深度约为 0.5～1cm 的展层液。先将硅胶板在不接触展层液的前提下，放入层析缸中，放置 10～15min，达到平衡，然后开始展层。当展层液的前沿上升到距离起点 10cm 以上时，即可取出硅胶板，记下展层液的前沿位置，然后用热风吹干。

5．显色

将干燥的硅胶板放入预先放置碘的干燥层析缸中，密闭几分钟后（时间长短与染色缸的环境温度有关），硅胶板上分离的脂类组分被碘蒸汽染成黄色斑点。

6．鉴定

测量各种脂类组分的迁移距离，计算相对迁移率。

$$R_f = \frac{被分离物质的斑点中心到点样线的垂直距离}{展层剂前沿到点样线的垂直距离}$$

注：蛋黄中几种脂类组分的 R_f 值分别为：三酰甘油 0.93、胆固醇 0.75～0.76、脑磷脂 0.65、卵磷脂 0.35。

【注意事项】

（1）称量硅胶 G 粉时，应小心操作.防止吸入粉尘。

（2）由于提取液、展层液中含有机溶剂，如条件允许，提取、展层等操作过程最好能在通风橱中进行。

（3）脂类组分在硅胶 G 薄层层析时的 R_f 值随层析条件改变而变化，可通过加入标准品来加以确认。

（4）不同品种鸡的蛋黄中提取的脂类组分可能存在差异。

【思考题】

（1）硅胶 G 薄层层析的基本原理是什么？

（2）实验中为什么三酰甘油的 R_f 值明显大于其他脂类？

附　录

附录 1　实验室常用液体的配制

附表-1　25℃下 0.1mol/L 磷酸钾缓冲液的配制

pH	1mol/L K$_2$HPO$_4$/mL	1mol/L KH$_2$PO$_4$/mL
5.8	8.5	91.5
6.0	13.2	86.8
6.2	19.2	80.8
6.4	27.8	72.2
6.6	38.1	61.9
6.8	49.7	50.3
7.0	61.5	38.5
7.2	71.7	28.3
7.4	80.2	19.8
7.6	86.6	13.4
7.8	90.8	9.2
8.0	94.0	6.0

注：用蒸馏水将上述两种 1mol/L 贮存液混合,定容至 1 000mL。

附表-2　25℃下 0.1mol/L 磷酸钠缓冲液的配制

pH	1mol/L Na$_2$HPO$_4$/mL	1mol/L NaH$_2$PO$_4$/mL
5.8	8.5	91.5
5.8	7.9	92.1
6.0	12.0	88.0
6.2	17.8	82.2
6.4	25.5	74.5
6.6	35.2	64.8
6.8	46.3	53.7
7.0	57.7	42.3

pH	1mol/L Na$_2$HPO$_4$/mL	1mol/L NaH$_2$PO$_4$/mL
7.2	68.4	31.6
7.4	77.4	22.6
7.6	84.5	15.5
7.8	89.6	10.4
8.0	93.2	6.8

注：用蒸馏水将上述两种 1mol/L 混合贮存液混合，定容至 1 000mL。

附表-3　某一特定 pH 值的 0.05mol/L Tris 缓冲液的配制

所需 pH(25℃)	0.1mol/L HCl 的体积/mL
7.1	45.7
7.2	44.7
7.3	43.4
7.4	42.0
7.5	40.3
7.6	38.5
7.7	36.6
7.8	34.5
7.9	32.0
8.0	29.2
8.1	26.2
8.2	22.9
8.3	19.9
8.4	17.2
8.5	14.7
8.6	12.4
8.7	10.3
8.8	8.5
8.9	7.0

注：将 50mL 0.1mol/L Tris 碱溶液与附表-3 所示相应体积的 0.1mol/L HCl 混合，定容至 100mL。

附表-4　常用电泳缓冲液的配制

缓冲液	使用液	1L 浓贮存液所含物质
Tris-乙酸 （TAE）	1×：0.04mol/L Tris-乙酸 0.001mol/L EDTA	50×：242g Tris 碱 57.1mL 冰乙酸 100mL 0.5mol/L EDTA(pH8.0)
Tris-磷酸 （TPE）	1×：0.09mol/L Tris-磷酸 0.002mol/L EDTA	10×：10g Tris 碱 15.5mL 85% 磷酸(1.679g/mL) 40mL 0.5mol/L EDTA(pH8.0)
Tris-硼酸 （TBE）	0.5×：0.045mol/L Tris-硼酸 0.001mol/L EDTA	5×：54g Tris 碱 27.5g 硼酸 20mL 0.5mol/L EDTA(pH8.0)

续表

缓冲液	使用液	1L 浓贮存液所含物质
Tris-甘氨酸	1×：25mmol/L Tris 250mmol/L 甘氨酸 0.1% SDS	5×：15.1g Tris 94g 甘氨酸(电泳级)(pH 8.3) 50mL 10% SDS(电泳级)

注：TBE 溶液长时间存放会形成沉淀物，为避免这一问题，可在室温下用玻璃瓶保存 5×TBE 溶液。

一般都以 1×TBE 作为使用液(即 1:5 稀释浓贮存液)，用它进行琼脂糖凝胶电泳，但 0.5×TBE 的使用液已具备足够的缓冲容量。目前几乎所有的琼脂糖凝胶电泳都以 1:10 稀释的贮存液作为使用液。

进行聚丙烯酰胺凝胶电泳的缓冲液槽较小，通过缓冲液的电流量通常较大，需使用 1×TBE 溶液，以提供足够的缓冲容量。

附表-5 凝胶加样缓冲液的配制

缓冲液类型	6×缓冲液	贮存温度
I	0.25% 溴酚蓝 0.25% 二甲苯青 质量浓度为 40% 蔗糖水溶液	4℃
II	0.25 溴酚蓝 0.25% 二甲苯青 15% 聚蔗糖(Ficoll400)	室温
III	0.25% 溴酚蓝 0.25% 二甲苯青 30% 甘油水溶液	4℃
IV	0.25% 溴酚蓝 质量浓度为 40% 蔗糖水溶液	4℃
V	18% 聚蔗糖(Ficoll400) 0.15% 溴甲酚绿 0.25% 二甲苯青	4℃
碱性加样缓冲液	300mmol/L NaOH 6mmol/L EDTA	室温

附录 2 常用酸碱的一般参数

附表-6 常用酸碱的相对分子质量、相对密度和浓度的关系

名称	分子式	相对分子质量	相对密度	百分比浓度/%	摩尔浓度/(mol/L)	配制 1L 1mol/L 溶液的加入量/mL
冰乙酸	CH_3COOH	60.50	1.050	99.5	17.40	59.0
乙酸	CH_3COOH	60.50	1.075	80.0	14.30	
盐酸	HCl	36.46	1.190	37.2	12.00	84.0
			1.180	35.4	11.80	
			1.10	20.0	6.00	
硝酸	HNO_3	63.01	1.42	70.9	15.99	63.0
			1.40	65.3	14.50	
			1.20	32.4	6.10	

续表

名称	分子式	相对分子质量	相对密度	百分比浓度/%	摩尔浓度/(mol/L)	配制1L 1mol/L溶液的加入量/mL
磷酸	H_2PO_4	97.99	1.71	85.0	5、10、15（依反应而定）	67.0（以15mol/L计）
硫酸	H_2SO_4	98.08	1.84	95.6	18.00	55.76
			1.18	24.8	3.00	
氨水	NH_4OH	35.05	0.96	10.0	5.60	
			0.91	25.0	13.40	
			0.90	27.0	14.30	70.0

附录3　常用凝胶的技术参数

附表-7　葡聚糖凝胶的技术数据

型　号	颗粒直径/μm	相对分子质量范围 肽及球蛋白	相对分子质量范围 葡聚糖	床体积/(mL/g 干胶)	得水值/(mL/g 干胶)	最小溶胀时间/h 室温	最小溶胀时间/h 沸水浴
Sephadex G-10	40～120	<700	<700	2～3	1.0±0.1	3	1
Sephadex G-15	40～120	<1 500	<1 500	2.5～3.5	1.5±0.2	3	1
Sephadex G-25 粗级	100～300						
Sephadex G-25 中级	50～150	1 000～5 000	100～5 000	4～6	2.5±0.2	6	2
Sephadex G-25 细级	20～80						
Sephadex G-25 超细	10～40						
Sephadex G-50 粗级	100～200						
Sephadex G-50 中级	50～150						
Sephadex G-50 细级	20～80	1 500～30 000	500～10 000	9～11	5.0±0.3	6	2
Sephadex G-50 超细	10～40						
Sephadex G-75	40～120	3 000～80 000	1 000～50 000	12～15	7.5±0.5	24	3
Sephadex G-75 超细	10～40	3 000～70 000					
Sephadex G-100	40～120	4 000～150 000	1 000～100 000	15～20	10.0±1.0	72	5
Sephadex G-100 超细	10～40	5 000～100 000					
Sephadex G-150	40～120	5 000～400 000	1 000～150 000	20～30	15.0±1.5	72	5
Sephadex G-150 超细	10～40	5 000～150 000		18～22			
Sephadex G-200	40～120	1 000～80 000	1 000～200 000	30～40	20.0±2.0	72	5
Sephadex G-200 超细	10～40	5 000～250 000		20～25			

附表-8　聚丙烯酰胺凝胶的技术数据

型　号	排阻的下限（相对分子质量）	分级分离范围（相对分子质量）	膨胀后的床体积/(mL/g 干凝胶)	室温下膨胀所需最少时间/h
Bio-gel-P-2	1 600	200～2 000	3.8	2～4
Bio-gel-P-4	3 600	500～4 000	5.8	2～4

续表

型　号	排阻的下限 (相对分子质量)	分级分离范围 (相对分子质量)	膨胀后的床体积/ (mL/g 干凝胶)	室温下膨胀所 需最少时间/h
Bio-gel-P-6	4 600	1 000～5 000	8.8	2～4
Bio-gel-P-10	10 000	5 000～17 000	12.4	2～4
Bio-gel-P-30	30 000	20 000～50 000	14.9	10～12
Bio-gel-P-60	60 000	30 000～70 000	19.0	10～12
Bio-gel-P-100	100 000	40 000～100 000	19.0	24
Bio-gel-P-150	150 000	50 000～150 000	24.0	24
Bio-gel-P-200	200 000	80 000～300 000	34.0	48
Bio-gel-P-300	300 000	100 000～400 000	40.0	48

附表-9　琼脂糖凝胶的技术数据

型　号	琼脂糖含量/%	排阻的下限 (相对分子质量)	分级分离的范围 (相对分子质量)	生产厂家
Sagavac 10	10	2.5×10^5	$1 \times 10^4 \sim 2.5 \times 10^5$	Seravac
Sagavac 8	8	7×10^5	$2.5 \times 10^4 \sim 7 \times 10^5$	
Sagavac 6	6	2×10^6	$5 \times 10^4 \sim 2 \times 10^6$	
Sagavac 4	4	15×10^6	$2 \times 10^5 \sim 15 \times 10^6$	
Sagavac 2	2	150×10^6	$5 \times 10^5 \sim 15 \times 10^7$	
Bio-gel A-0.5 M	10	0.5×10^6	$<1 \times 10^4 \sim 0.5 \times 10^6$	Bio-Rad
Bio-gel A-1.5 M	8	1.5×10^6	$<1 \times 10^4 \sim 1.5 \times 10^6$	
Bio-gel A-5 M	6	5×10^6	$1 \times 10^4 \sim 5 \times 10^6$	
Bio-gel A-15 M	4	15×10^6	$4 \times 10^4 \sim 15 \times 10^6$	
Bio-gel A-50 M	2	50×10^6	$1 \times 10^5 \sim 50 \times 10^6$	
Bio-gel A-150 M	1	150×10^6	$1 \times 10^6 \sim 150 \times 10^6$	

附表-10　某些凝胶所允许的最大操作压

凝胶	最大静水压/kPa
SephadexG-10	9.8
SephadexG-15	9.8
SephadexG-25	9.8
SephadexG-50	9.8
SephadexG-75	4.9

附表-11　琼脂糖凝胶电泳常见问题及分析

常见问题	原　因	对　策
DNA 条带模糊	DNA 降解	实验过程防止核酸酶污染
	电泳缓冲液陈旧	电泳缓冲液多次使用后,离子强度降低,pH 上升,缓冲能力减弱,影响电泳效果,建议经常更换电泳缓冲液
	所用电泳条件不合适	电泳时电压不应超过 20V/cm,温度<30℃,巨大 DNA 链电泳,温度应<15℃,检测所用电泳缓冲液是否有足够的缓冲能力

续表

常见问题	原　因	对　策
DNA 条带模糊	DNA 上样量过多	减少凝胶中 DNA 上样量
	DNA 含盐量过高	电泳前通过乙醇沉淀去除多余盐分
	有蛋白污染	电泳前用酚抽提去除蛋白
	DNA 变性	电泳前勿加热,用 20mmol/L NaCl 缓冲液稀释 DNA
出现片状拖带或涂抹带	PCR 扩增出现涂抹带或片状带或地毯样带。往往由于酶量过多或酶的质量差,dNTP 浓度过高,Mg^{2+} 浓度过高,退火温度过低,循环次数过多引起	减少酶量,或调换另一来源的酶。减少 dNTP 的浓度,适当降低 Mg^{2+} 浓度,增加模板量,减少循环次数
不规则 DNA 带迁移	电泳条件不合适	电泳电压不超过 20V/cm,温度 < 30℃,经常更换电泳缓冲液
	DNA 变性	用 20mmol/L NaCl 缓冲液稀释 DNA,电泳前勿加热
带弱或无 DNA 带	DNA 上样量不够	增加 DNA 上样量
	DNA 降解	实验过程避免核酸酶污染
	DNA 跑出凝胶	缩短电泳时间,降低电压,提高凝胶浓度
	对于 EB 染色的 DNA,所用光源不合适	应用短波长(254nm)的紫外光源
DNA 带缺失	小 DNA 带跑出凝胶	缩短电泳时间,降低电压,提高凝胶浓度
	分子大小相近的 DNA 带不易分辨	增加电泳时间,核准正常的凝胶浓度
	DNA 变性	电泳前勿高温加热 DNA 链,用 20mmol/L NaCl 缓冲液稀释 DNA
	DNA 链巨大,常规凝胶电泳不合适	在脉冲凝胶电泳上分析
电泳时梯度扭曲	配胶缓冲液和电泳缓冲液未同时配制	同时配制,电泳缓冲液高出液面 1～2mm 即可
	电泳时电压过高	电泳时电压不应超过 20V/cm

附录 4　常用核酸和蛋白质相对分子质量标准

附表-12　常用核酸的长度与相对分子质量

核　酸	核苷酸数/bp	相对分子质量
λDNA	48 502(双链环状)	3.0×10^7
pBR322	4 363(双链)	2.8×10^6
28S rRNA	4 800	1.6×10^6
23S rRNA	3 700	1.2×10^6
18S rRNA	1 900	6.1×10^5
19S rRNA	1 700	5.5×10^5
5S rRNA	120	3.6×10^4
tRNA(大肠埃希菌)	75	2.5×10^4

附表-13　常用蛋白质相对分子质量标准参照物

高相对分子质量标准参照		中相对分子质量标准参照		低相对分子质量标准参照	
蛋白名称	相对分子质量	蛋白名称	相对分子质量	蛋白名称	相对分子质量
肌球蛋白	212 000	磷酸化酶 B	97 400	大豆腈蛋白酶	21 500
β-半乳糖苷酶 B	116 000	牛血清白蛋白	66 200	马心肌球蛋白	16 900
磷酸化酶 B	97 400	谷氨酶脱氢酶	55 000	溶菌酶	14 400
牛血清白蛋白	66 200	卵白蛋白	42 700	肌球蛋白（F1）	8 100
过氧化氢酶	57 000	醛缩酶	40 000	肌球蛋白（F2）	6 200
醛缩酶	40 000	碳酸酐酶	31 000	肌球蛋白（F3）	2 500

附录 5　常用贮存液的配制

1. 30%丙烯酰胺溶液

【配制方法】将 29g 丙烯酰胺和 1g N,N-亚甲基双丙烯酰胺溶于总体积为 60mL 的水中，加热至 37℃，溶解之，定容至终体积为 100mL。用 Nalgene 滤器（0.45μm 孔径）过滤除菌，该溶液的 pH 应不大于 7.0，置棕色瓶中于室温下保存。

【注意事项】丙烯酰胺具有很强的神经毒性并可以通过皮肤吸收，其作用有累积效应。称量丙烯酰胺和亚甲基双丙烯酰胺时应戴手套和面具。一般认为聚丙烯酰胺无毒，但也应谨慎操作，因为它可能含有少量未聚合成分。

2. 0.1mol/L 腺苷三磷酸（ATP）溶液

【配制方法】在 0.8mL 水中溶解 60mg ATP，用 0.1mol/L NaOH 调 pH 至 7.0，用蒸馏水定容至 1mL，分装成小份保存于−70℃冰箱中。

3. 10%过硫酸铵溶液

【配制方法】把 1g 过硫酸铵溶解于终量为 10mL 的水溶液中，该溶液可在 4℃条件下保存数周。

4. BCIP 溶液

【配制方法】把 0.5g 的 5-溴-4-氯-3-吲哚磷酸二钠盐（BCIP）溶解于 10mL 100%的二甲基甲酰胺中，在 4℃条件下保存。

5. NBT 溶液

【配制方法】把 0.5g 氯化氮蓝四唑溶解于 10mL 70%的二甲基甲酰胺中，在 4℃条件下保存。

6. 1mol/L CaCl₂ 溶液

【配制方法】在 200mL 蒸馏水中溶解 54g $CaCl_2 \cdot 6H_2O$，用 0.22μm 滤器过滤除菌，分装成 10mL 小份，贮存于−20℃冰箱。

【注意事项】制备感受态细胞时，取出一小份解冻并用蒸馏水稀释至 100mL，用 Nalgene 滤器（0.45μm 孔径）过滤除菌，然后骤冷至 0℃。

7. 2.5mol/L CaCl₂ 溶液

【配制方法】在 20mL 蒸馏水中溶解 13.5g $CaCl_2 \cdot 6H_2O$，用 0.22μm 滤器过滤除菌，

分装成 1mL 小份,贮存于－20℃冰箱。

8. 1mol/L 二硫苏糖醇(DTT)溶液

【配制方法】用 20mL 0.01mol/L 乙酸钠溶液(pH 5.2)溶解 3.09g DTT,过滤除菌后分装成 1mL 小份,贮存于－20℃冰箱。

【注意事项】DTT 或含有 DTT 的溶液不能进行高压处理。

9. 0.5mol/L EDTA(pH8.0)溶液

【配制方法】在 800mL 水中加入 186.1g EDTANa$_2$·2H$_2$O,在磁力搅拌器上剧烈搅拌,用 NaOH 调节溶液的 pH 至 8.0(约需 20g NaOH 颗粒),然后定容至 1L,分装后高压灭菌备用。

【注意事项】EDTANa$_2$·2H$_2$O 需加入 NaOH 将溶液的 pH 调至接近 8.0 才能完全溶解。

10. 溴化乙锭(10mg/mL 溶液)

【配制方法】在 100mL 水中加入 1g 溴化乙锭,用磁力搅拌器搅拌数小时,以确保其完全溶解,然后用铝箔包裹容器或转移至棕色瓶中,在室温条件下保存。

【注意事项】溴化乙锭是强诱变剂并有中度毒性,使用含有这种染料的溶液时务必戴上手套,称量染料时要戴面罩。

11. 2×HEPES 缓冲盐溶液

【配制方法】用总量为 90mL 的蒸馏水溶解 1.6g NaCl、0.074g KCl、0.027g Na$_2$PO$_4$·2H$_2$O、0.2g 葡聚糖和 1g HEPES,用 0.5mmol/L NaOH 调 pH 至 7.05,再用蒸馏水定容至 100mL。用 0.22μm 滤器过滤除菌,分装成 5mL 小份,在－20℃条件下贮存。

12. IPTG 溶液

【配制方法】IPTG 为异丙基硫代-β-D-半乳糖苷(相对分子质量为 238.3),在 8mL 蒸馏水中溶解 2g IPTG 后,用蒸馏水定容至 10mL,用 0.22μm 滤器过滤除菌,分装成 1mL 小份,贮存于－20℃冰箱。

13. 1mol/L 乙酸镁溶液

【配制方法】在 800mL 水中溶解 214.46g 四水乙酸镁,用水定容 1L,过滤除菌。

14. 1mol/L MgCl$_2$ 溶液

【配制方法】在 800mL 水中溶解 203.4g MgCl$_2$·6H$_2$O,用水定容至 1L,分装成小份并高压灭菌备用。

【注意事项】MgCl$_2$ 极易潮解,应选购小瓶(如 100g)试剂,启用新瓶后勿长期存放。

15. β-巯基乙醇(BME)溶液

【配制方法】一般配成 14.4mol/L 的溶液,装在棕色瓶中,在 4℃条件下保存备用。

【注意事项】BME 或含有 BME 的溶液不能高压处理。

16. 2×BES 缓冲盐溶液

【配制方法】用总体积 90mL 的蒸馏水溶解 1.07g 盐溶液 BES[N,N-双(2-羟乙基)-2-氨基乙磺酸]、1.6g NaCl 和 0.027g Na$_2$HPO$_4$,室温下用 HCl 调节该溶液的 pH 至 6.96,然后加入蒸馏水定容至 100mL,用 0.22μm 滤器过滤除菌,分装成小份,保存于－20℃冰箱中。

17. 酚/氯仿溶液

【**配制方法**】把酚和氯仿等体积混合后用 0.1mol/L Tris·HCl(pH7.6)抽提几次以平衡这一混合物,置棕色玻璃瓶中,上面覆盖等体积的 0.01mol/L Tris·HCl(pH7.6)液层,在 4℃条件下保存。

【**注意事项**】酚腐蚀性很强,并可引起严重灼伤,操作时应戴手套及防护镜,穿防护服。所有操作均应在通风橱中进行。与酚接触过的皮肤应用大量的水清洗,并用肥皂和水洗涤,忌用乙醇。

18. 10mmol/L 苯甲基磺酰氟(PMSF)溶液

【**配制方法**】用异丙醇溶解 PMSF 成 1.74mg/mL(10mmol/L),分装成小份,在−20℃条件下贮存。如有必要,可配成浓度高达 17.4mg/mL 的贮存液(100mmol/L)。

【**注意事项**】PMSF 会严重损害呼吸道黏膜、眼睛及皮肤,吸入、吞进或通过皮肤吸收后有致命危险。一旦眼睛或皮肤接触了 PMSF,应立即用大量水冲洗之。凡被 PMSF 污染的衣物应丢弃。

PMSF 在水溶液中不稳定。在使用前应将贮存液现用现加于裂解缓冲液中。PMSF 在水溶液中的活性丧失速率随 pH 的升高而加快,且 25℃的失活速率高于 4℃。pH 为 8.0 时,20μmol/L PMSF 水溶液的半衰期大约为 85min,这表明将 PMSF 溶液调为碱性(pH>8.6)并在室温放置数小时后,可安全地丢弃。

19. 磷酸盐缓冲溶液(PBS)溶液

【**配制方法**】在 800mL 蒸馏水中溶解 8g NaCl、0.2g KCl、1.44g Na_2HPO_4 和 0.24g KH_2PO_4,用 HCl 调节溶液的 pH 至 7.4,加水定容至 1L,高压蒸汽灭菌 20min,在室温条件下保存。

20. 1mol/L 乙酸钾(pH7.5)溶液

【**配制方法**】将 9.82g 乙酸钾溶解于 90mL 纯水中,用 2mol/L 乙酸调节 pH 至 7.5 后,加入纯水定容到 1L,保存于−20℃冰箱中。

21. 乙酸钾溶液(用于碱裂解)

【**配制方法**】在 60mL 5mol/L 乙酸钾溶液中加入 11.5mL 冰乙酸和 28.5mL 水,即成钾离子浓度为 3mol/L 而乙酸根浓度为 5mol/L 的溶液。

22. 3mol/L 乙酸钠(pH5.2 和 pH7.0)溶液

【**配制方法**】在 80mL 水中溶解 408.1g 三水乙酸钠,用冰乙酸调节 pH 至 5.2 或用稀乙酸调节 pH 至 7.0,加水定容到 1L,分装后高压灭菌。

23. 5mol/L NaCl 溶液

【**配制方法**】在 800mL 水中溶解 292.2g NaCl,加水定容至 1L,分装后高压灭菌。

24. 10%十二烷基硫酸钠(SDS)溶液

【**配制方法**】在 900mL 水中溶解 100g 电泳级 SDS,加热至 68℃助溶,加入几滴浓盐酸调节溶液的 pH 至 7.2,加水定容至 1L,分装备用。

【**注意事项**】SDS 的微细晶粒易扩散,因此称量时要戴面罩,称量完毕后要清除残留在称量工作区和天平上的 SDS,10%SDS 溶液无须灭菌。

25. 20×SSC 溶液

【配制方法】在 800mL 水中溶解 175.3g NaCl 和 88.2g 柠檬酸钠,加入数滴 10mol/L NaOH 溶液调节 pH 至 7.0,加水定容至 1L,分装后高压灭菌。

26. 20×SSPE 溶液

【配制方法】在 800mL 水中溶解 17.5g NaCl、27.6g $NaH_2PO_4 \cdot H_2O$ 和 7.4g EDTA,用 NaOH 溶液调节 pH 至 7.4(约需 6.5mL 10mmol/L NaOH),加水定容至 1L,分装后高压灭菌。

27. 1mol/L Tris 溶液

【配制方法】在 800mL 水中溶解 121.91g Tris 碱,加入浓 HCl 调节 pH,应使溶液冷至室温后方可最后调定 pH,加水定容至 1L,分装后高压灭菌。

【注意事项】如 1mol/L 溶液呈现黄色,应予丢弃并配制质量更好的 Tris。Tris 溶液的 pH 因温度而异,温度每升高 1℃,pH 大约降低 0.03 个单位。如 0.05mol/L 的溶液在 5℃、25℃和 37℃时的 pH 分别为 9.5、8.9 和 8.6。

28. Tris 缓冲盐溶液(TBS)(25mmol/L Tris)

【配制方法】在 800mL 蒸馏水中溶解 8g NaCl、0.2g KCl 和 3g Tris 碱,加入 0.015g 酚并用 HCl 调 pH 至 7.4,用蒸馏水定容至 1L,分装后在 $1.034×10^5$ Pa 高压下蒸汽灭菌 20min,在室温条件下保存。

参 考 文 献

[1] 张龙翔,张庭芳,李令媛.生化实验方法和技术[M].2 版.北京:高等教育出版社,1997.

[2] 陈毓荃.生物化学实验方法和技术[M].北京:科学出版社,2002.

[3] 刘约权,李贵深.实验化学[M].北京:高等教育出版社,2002.

[4] SAMBROOK J,RUSSELL D W.分子克隆实验指南[M].3 版.黄培堂,译.北京:科学出版社,2002.

[5] 周顺伍.动物生物化学实验指导[M].2 版.北京:中国农业出版社,2002.

[6] 蒋立科,杨婉身.现代生物化学实验技术[M].北京:中国农业出版社,2003.

[7] 于自然,黄熙泰.生物化学习题及实验技术[M].北京:化学工业出版社,2003.

[8] 白玲,黄健.基础生物化学实验[M].上海:复旦大学出版社,2004.

[9] 何忠效.生物化学实验技术[M].北京:化学工业出版社,2004.

[10] 王秀奇,秦淑媛.基础生物化学实验[M].北京:高等教育出版社,2004.

[11] 余瑞元,袁明秀,陈丽蓉.生物化学实验原理和方法[M].2 版.北京:北京大学出版社,2005.

[12] 郭尧君.蛋白质电泳实验技术[M].2 版.北京:科学出版社,2005.

[13] 何幼鸾,汤文浩.生物化学实验[M].武汉:华中师范大学出版社,2006.

[14] 胡兰.动物生物化学实验教程[M].北京:中国农业大学出版社,2006.

[15] 袁榴娣.高级生物化学与分子生物学实验教程[M].南京:东南大学出版社,2006.

[16] 张云贵,刘祥云,李天俊.生物化学实验指导[M].4 版.北京:中国农业出版社,2007.

[17] 刘志国.生物化学实验[M].武汉:华中科技大学出版社,2007.

[18] 陈钧辉.生物化学实验[M].北京:科学出版社,2008.

[19] 崔喜艳.基础生物化学实验方法和技术[M].北京:中国林业出版社,2008.

[20] 杨安钢,刘新平,药立波.生物化学与分子生物学实验技术[M].北京:高等教育出版社,2008.

[21] 黄建华,袁道强,陈世峰.生物化学实验[M].北京:化学工业出版社,2009.

[22] 魏群.基础生物化学实验[M].3 版.北京:高等教育出版社,2009.

[23] 张彩莹,肖连冬.生物化学实验[M].北京:化学工业出版社,2009.

[24] 余冰宾.生物化学实验指导[M].2 版.北京:清华大学出版社,2010.

[25] 曾富华.生物化学实验技术教程[M].北京:高等教育出版社,2011.

[26] 周楠迪,史锋,田亚平.生物化学实验指导[M].北京:高等教育出版社,2011.

[27] 周先碗,胡晓倩.基础生物化学实验[M].北京:高等教育出版社,2011.

[28] 韦芳三,李纯厚,戴明.索氏提取法测定海洋微藻粗脂肪含量及其优化方法的研究[J].上海海洋大学学报,2011,20(4):619-623.

[29] 金天明.动物生理学[M].北京:清华大学出版社,2012.

[30] 李菡,郭兴启.生物化学实验技术原理和方法[M].2 版.北京:中国农业出版社,2013.

[31] 李庆章.动物生物化学实验技术教程[M].北京:高等教育出版社,2015.

[32] 刘箭.生物化学实验教程[M].3 版.北京:科学出版社,2017.

[33] 陈鹏,郭蔼光.生物化学实验技术[M].2 版.北京:高等教育出版社,2018.

[34] 刘维全.动物生物化学实验指导[M].4 版.北京:中国农业出版社,2020.